Florian Henke

Weiterführende Untersuchungen zur Darstellung und Reaktivität von metalloiden Germaniumclustern

Weiterführende Untersuchungen zur Darstellung und Reaktivität von metalloiden Germaniumclustern

von
Florian Henke

Dissertation, Karlsruher Institut für Technologie
Fakultät für Chemie und Biowissenschaften,
Tag der mündlichen Prüfung: 16.07.2010

Impressum

Karlsruher Institut für Technologie (KIT)
KIT Scientific Publishing
Straße am Forum 2
D-76131 Karlsruhe
www.ksp.kit.edu

KIT – Universität des Landes Baden-Württemberg und nationales
Forschungszentrum in der Helmholtz-Gemeinschaft

KIT Scientific Publishing 2011
Print on Demand

ISBN 978-3-86644-660-1

Weiterführende Untersuchungen zur Darstellung und Reaktivität von metalloiden Germaniumclustern

Zur Erlangung des akademischen Grades eines

DOKTORS DER NATURWISSENSCHAFTEN

(Dr. rer. nat.)

Fakultät für Chemie und Biowissenschaften

Karlsruher Institut für Technologie (KIT) – Institut für Anorganische Chemie

angenommene

DISSERTATION

von

Diplom-Chemiker

Florian Henke

aus

Biberach an der Riß

Dekan: Prof. Dr. S. Bräse

Referent: PD Dr. A. Schnepf

Korreferent: Prof. Dr. P. Roesky

Datum der mündlichen Einzelprüfungen: 12.07.2010 / 14.07.2010 / 16.072010

Vorwort

Ein großer Teil dieser Arbeit befasst sich mit der Suche nach neuen geeigneten Donorkomponenten zur Darstellung homogener Germaniummonohalogenidlösungen mit Hilfe der Kokondensationstechnik. Diese Lösungen dienen als Ausgangsmaterial zur Darstellung metalloider Germaniumcluster. Die Suche nach neuen, geeigneten Donorkomponenten war notwendig, da die bisher verwendeten Germaniummonohalogenidlösungen mit den Lösemittelgemischen Toluol/N^nPr_3, THF/CH_3CN/N^nBu_3 und 1,2-Difluorbenzol/N^nBu_3 (wobei jeweils die Amine die Donorkomponente darstellen) unterschiedlichen Einschränkungen unterworfen sind. Da es oft nicht möglich war die dargestellten Clusterverbindungen in kristalliner Form zu isolieren, wurden diese Verbindungen mit Hilfe der Massenspektrometrie (ESI-Methode) nachgewiesen. Ein weiterer großer Aspekt dieser Arbeit stellt die Folgechemie der metalloiden Clusterverbindung $Ge_9(Si(SiMe_3)_3)_3^-$ **1** dar. Diese umfasst zum einen die Verknüpfung mehrerer Clustereinheiten sowie die Erweiterung des Clusterkerns mittels Übergangsmetallreagenzien, zum anderen Reaktionen in der Gasphase. Zudem wird anhand quantenchemischer Rechnungen ein möglicher Mechanismus zur Bildung von **1** aufgezeigt, sowie eine alternative Anwendung der Germaniummonohalogenidlösungen diskutiert.

Danksagung

Die vorliegende Arbeit entstand im Zeitraum von November 2006 bis Juli 2010 am Institut für Anorganische Chemie am Karlsruher Institut für Technologie (KIT) unter Anleitung von PD Dr. Andreas Schnepf. Ihm danke ich für die Themenstellung, die guten Arbeitsbedingungen, für seine Geduld und für viele anregende und hilfreiche Diskussionen. Auch meinem „Doktorgroßvater" Prof. Dr. Hansgeorg Schnöckel möchte ich für die großzügige Unterstützung aufrichtig danken, sowie allen anderen Personen die mich unterstützt und zum Gelingen dieser Arbeit beigetragen haben.

Meinem Bruder Dr. Patrick Henke, für die Unterstützung in allen erdenklichen Lebenslagen, für äußerst fruchtbare wenn auch nicht immer sinnvolle Diskussionen. Dr. Ralf Burgert danke ich für die Einführung in die Welt der FT-ICR-Massenspektrometrie und für ein immer offenes Ohr bei den verschiedensten Problemen. Dem jüngsten Mitglied der „Maultaschen-Connection" Claudio Schrenk danke ich für die Zusammenarbeit und für viele teilweise „zinnvolle" teilweise „unzinnige" aber immer äußerst unterhaltsame Gespräche. Für die Erkenntnis, dass jeden Tag schönes Wetter ist und für die gemeinsame Zeit als Praktikumsbetreuer danke ich Dr. Benjamin Reiser.
Des Weiteren möchte ich mich bei Dr. Andreas Kracke, Dr. Julia Rink, Dr. Melanie Schroeder, Andrea Kutzer, Andreas Pacher und Katharina Roth für die schöne Zeit am KIT bedanken ebenso wie bei den gesamten Arbeitsgruppen Roesky, Breher, Feldmann, Fenske und Powell.

Besonderer Dank gilt allen Mitarbeitern und Ehemaligen der Arbeitsgruppen Schnepf und Schnöckel für die gute Stimmung und die Hilfsbereitschaft: Dr. Christian Schenk, Claudio Schrenk, Dr. Jens Hartig, Dr. Michael Huber, Dr. Anna Stößer, Dr. Ralf Köppe, Dr. Ralf Burgert, Dr. Patrick Henke,

Petra Smie, Sibylle Schneider, Sylvia Soldner, Monika Kayas, Angie Pendel und Dieter Müller.

Vielen Dank auch an die festangestellten Mitarbeiter des Institutes für anorganische Chemie: Helga Berbeich, Sibylle Böcker, Kalam Munshi, Gabi Leichle, Dr. Eberhard Matern, Dr. Ewald Sattler, Frank Rieß und Werner Kastner.

Ich danke meinen Eltern und meiner Frau Regina für ihre Liebe, ihre Unterstützung und ihr Verständnis.

„Never give up, never surrender!“

Commander P. Q. Taggart, Kommandant der Protector

(Aus dem Film: Galaxy Quest)

Inhaltsvezeichnis

Teil A: Einleitung und Aufgabenstellung 1

1. Allgemeine Einleitung 1

2. Aufgabenstellung 7

3. Metalloide Germaniumclusterverbindungen 8

3.1. Definition 8

3.2. Darstellung metalloider Germaniumcluster 10

3.3. Darstellung und Stabilisierung von GeX-Hochtemperaturteilchen mit Hilfe der Kokondensationstechnik 18

Teil B: Massenspektrometrische Untersuchungen 23

I. Theoretische Grundlagen 23

1. Einleitung 23

2. Elektrospray-Ionisation (ESI) 25

3. Die Fouriertransform-Ionenzyklotronresonanz-Massenspektrometrie 27

3.1. Physikalische Grundlagen 27

3.2. Die ICR-Zelle 29

3.3 Detektion 32

3.4. Massenselektion 33

3.5. Stoßinduzierte Dissoziation 34

3.6. Reaktionen in der Gasphase 37

II. Nachweis verschiedener Germaniumspezies in der Gasphase 40

1. Einleitung 40

2. Glockenumsetzungen mit $Li[(SiMe_3)N(2,6-^iPr_2C_6H_3)]$ 41

2.1. Nachgewiesene Verbindungen 43

2.2. Zwischenzusammenfassung 48

3. Isolierbare Ge^IBr-Lösungen 50

3.1. Das ternäre Lösemittelgemisch $THF/CH_3CN/^nBu_3N$ 50

3.1.1. Umsetzungen mit $KFeCp(CO)_2$ 51

3.1.2. Zwischenzusammenfassung 59

3.2. Das binäre Lösemittelgemisch 1,2-Difluorbenzol/$^nBu_3N$ 60

3.2.1. Umsetzungen mit $LiOSiMe_3$ 60

3.2.2. Umsetzungen mit Li[(SiMe$_3$)N(2,6-^{i}Pr$_2$C$_6$H$_3$)].......................65

3.2.3. Zwischenzusammenfassung 67

3.3. Das binäre Lösemittelgemisch Toluol/4-*tert*Butylpyridin 68

3.4. Das binäre Lösemittelgemisch Toluol/Tri^{n}Butylphosphan 70

3.4.1. Umsetzungen mit Li[(SiMe$_3$)N(2,6-^{i}Pr$_2$C$_6$H$_3$)] 70

3.4.2. Umsetzungen mit KO^{t}Bu.........................73

3.4.3. Umsetzungen mit LiSi(SiMe$_3$)$_3$ 74

3.5. Zusammenfassung und Ausblick - Kapitel 3 76

III. Stoßexperimente und Gasphasenreaktionen........................80

1. Einleitung 80

2. SORI-CAD Experimente mit der Verbindung
Ge$_6$(FeCp(CO)$_2$)$_6$(FeCpCO)$^-$ 81

3. Reaktionen des metalloiden Clusteranions [Ge$_9$(Si(SiMe$_3$)$_3$)$_3$]$^-$ in der
Gasphase. Oxidations- und Reduktionsschritte geben Einblicke in den
Bereich zwischen metalloiden Clustern und Zintl-Ionen........................85

3.1. Ergebnisse und Diskussion........................86

4. Theoretische Betrachtungen zur Bildung der metalloiden
Clusterverbindung Ge$_9$(Si(SiMe$_3$)$_3$)$_3^-$ 1: 103

5. Zusammenfassung und Ausblick - Abschnitt III........................109

Teil C: Folgechemie der metalloiden Clusterverbindung Ge$_9$(Si(SiMe$_3$)$_3$)$_3^-$........111

I. Verknüpfungsreaktionen........................111

1. Einleitung 111

2. [Si(SiMe$_3$)$_3$]$_6$Ge$_{18}$M (M=Zn, Cd, Hg): Neutrale metalloide
Clusterverbindungen des Germaniums als sehr gut lösliche Bausteine zum
Aufbau größerer Aggregate. 113

II. Clustererweiterung 125

1. Einleitung 125

2. Ergebnisse und Diskussion........................126

3. Zusammenfassung und Ausblick........................140

Teil D: Alternative Anwendung von Germaniummonohalogenidlösungen......141

1. Einleitung 141

2. Ergebnisse und Diskussion........................144

2.1. Beschicken........................144

2.2. Tempern........................146

3. Zusammenfassung und Ausblick........................147

Teil E: Zusammenfassung und Ausblick 149

Teil F: Experimentelles 155

    1. Allgemeine Arbeitstechniken 155

    2. Spektroskopische Untersuchungen 156

    2.1. NMR-Spektroskopie.. 156

    2.2. EDX-Messungen 157

    2.3. Massenspektrometrie.. 157

    2.4. Quantenchemische Methoden 158

    2.5. Kristallstrukturbestimmung.. 161

    2.6. Darstellung der beschriebenen Verbindungen 162

    2.7. Massenspektrometrische Daten.. 173

    2.8. Kristallstrukturdaten 179

Teil G: Literatur..187

Teil A: Einleitung und Aufgabenstellung

1. Allgemeine Einleitung

In den letzten 20 Jahren ist im Bereich der Chemie der 14. Gruppe ein steigendes Interesse an Metallatomclustern, vor allem an metalloiden Clusterspezies der allgemeinen Summenformel E_nR_m (n>m; E = Ge, Sn, Pb) zu verzeichnen. Mit mehr Metall-Metall- als Metall-Ligand-Kontakten stellen die metalloiden Clusterverbindungen ein Bindeglied zwischen salzartigen Spezies und elementaren Metallen oder Halbmetallen dar. Das große Interesse an diesen Verbindungen ist vor allem in ihrer besonderen Eigenschaften begründet. So werden in metalloiden Clusterverbindungen sowohl molekulare Eigenschaften als auch Eigenschaften der gediegenen Metalle vereint, d.h. metalloide Clusterspezies sind ideale Modellverbindungen für den Grenzbereich zwischen Molekülen und der Festkörperphase der Metalle bzw. Halbmetalle, ein auch für die Nanotechnologie entscheidender Bereich.[1,2,3,4] Durch Wahl geeigneter Liganden können metalloide Clusterverbindungen stabilisiert, in kristalliner Form isoliert und somit ihre Struktur mit Hilfe von Beugungsexperimenten aufgeklärt werden. Da metalloide Clusterverbindungen der edlen Übergangsmetalle wie z.B. Gold oder Palladium (Abbildung 1) im Vergleich zu den Vertretern der unedlen Hauptgruppenmetalle in der Regel deutlich stabiler und deswegen leichter handhabbar sind, ist es nicht verwunderlich, dass zunächst metalloide Clustersysteme dieser Elemente dargestellt und untersucht wurden.[5,6] Mit 55 Palladiumatomen im Clusterkern, welche ausschließlich Kontakte zu anderen Palladiumatomen aufweisen und daher als „nackt" bezeichnet werden können, ist die Verbindung $Pd_{145}(CO)_{60}(PEt_3)_{30}$ einer der

größten bisher bekannten metalloiden Übergangsmetallcluster (Abbildung 1).[5]
In $Pd_{145}(CO)_{60}(PEt_3)_{30}$ findet man einen schalenförmigen Aufbau mit einem
Paladiumatom im Zentrum. Im Gegensatz dazu findet man im Zentrum der
größten metalloiden Clusterverbindung des Goldes, $Au_{102}(SR)_{44}$[6], eine
pentagonal-bipyramidale Au_7-Einheit, ein Strukturmotiv, das von elementarem
Gold mit fcc-Packung unbekannt ist. Des Weiteren findet man zwar für die
zentralen Goldatome eine Koordinationszahl von 12, das ausgebildete
Koordinationspolyeder ist jedoch kein Kuboktaeder, sondern zum Teil ein
zweifach überdachtes pentagonales Prisma (Dekaeder), also wiederum ein für
elementares Gold vollkommen unbekanntes Strukturmotiv. Besonders aufgrund
dieses Aufbaus ist die Verbindung $Au_{102}(SR)_{44}$ von Interesse, da hier erstmals ein
Einblick in den Grenzbereich zwischen Molekül und Festkörperphase mit
atomarer Auflösung möglich ist, der zeigt, dass auch bei einer Teilchengröße im
Nanometerbereich signifikante Unterschiede im strukturellen Aufbau bestehen.

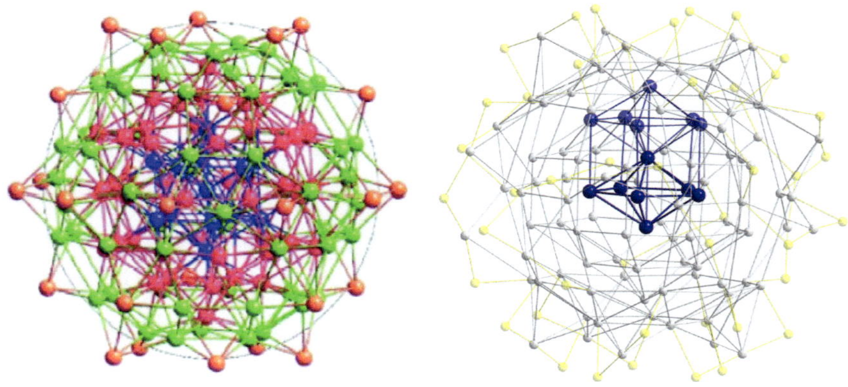

Abbildung 1: Links: der Clusterkern des Clusters $Pd_{145}(CO)_{60}(PEt_3)_{30}$; rechts: Clusterkern der
metalloiden Clusterverbindung $Au_{102}(SR)_{44}$. Das zentrale Goldatom sowie die erste
Koordinationssphäre von Goldatomen in Form eines zweifach überdachten pentagonalen Prismas ist
dabei blau hervorgehoben. Übersichtshalber wurden die Liganden weggelassen.

Auch für Hauptgruppenmetalle, vor allem die der 13. Gruppe, konnten innerhalb der letzten Jahre große, hoch symmetrische metalloide Clusterverbindungen dargestellt werden. Diese metalloiden Clusterverbindungen von Aluminium und Gallium, wie zum Beispiel $[Ga_{84}(N(SiMe_3)_2)_{20}]^{3-/4-}$ [7] und $[Al_{77}(N(SiMe_3)_2)_{20}]^{2-}$ [8] (Abbildung 2) konnten bisher fast ausschließlich unter Ausnutzung der Disproportionierungsreaktion der Monohalogenide EX (E = Al, Ga; X = Cl, Br, I) erhalten werden, wobei die Monohalogenide über eine präparative Kokondensationstechnik dargestellt wurden.[9]

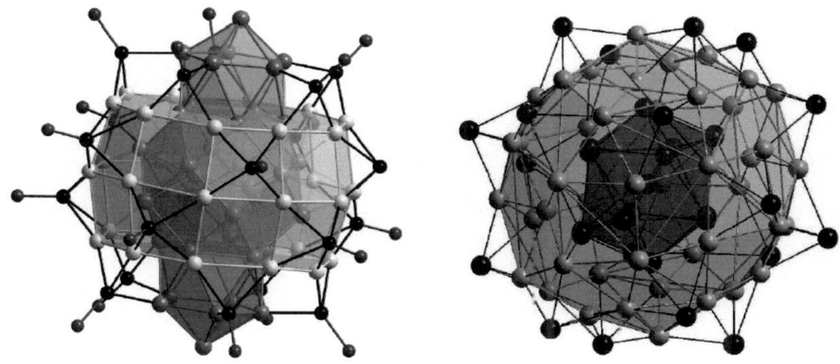

Abbildung 2: Molekülstrukturen der metalloiden Clusterverbindungen $[Ga_{84}(N(SiMe_3)_2)_{20}]^{3-/4-}$ (ohne SiMe_3-Gruppen) und $[Al_{77}(N(SiMe_3)_2)_{20}]^{2-}$ (ohne N(SiMe_3)_2-Gruppen).

Vor kurzem gelang es jetzt auch, unter Ausnutzung der Disproportionierungsreaktion eines metastabilen Subhalogenides, metalloide Clusterverbindungen des Germaniums zu synthetisieren. So konnten beispielsweise ausgehend von Germaniummonobromid- bzw. Zinnmonobromid-Lösungen mit der Si(SiMe_3)_3-Ligandverbindung die Clusterverbindungen $[Ge_9(Si(SiMe_3)_3)_3]^-$ **1** und $Sn_{10}(Si(SiMe_3)_3)_6$ erhalten werden (Abbildung 3). [10,11] Besonders interessant ist dabei die anionische metalloide Clusterverbindung **1**, aufgrund ihrer offenen Struktur.

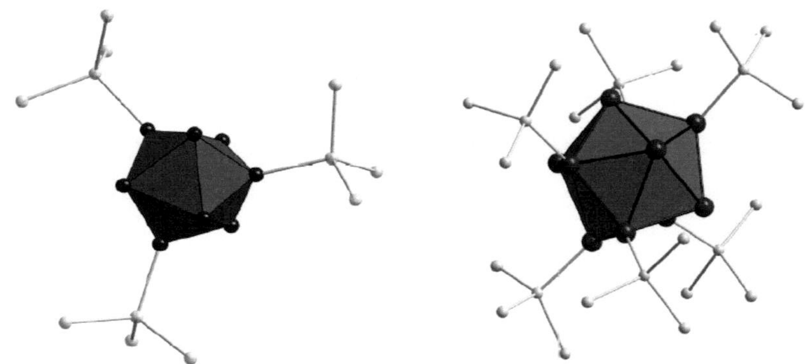

Abbildung 3: Molekülstrukturen der metalloiden Clusterverbindungen Ge$_9$(Si(SiMe$_3$)$_3$)$_3^-$ und Sn$_{10}$(Si(SiMe$_3$)$_3$)$_6$. Aus Übersichtsgründen sind die Methylgruppen der Liganden nicht gezeigt. Die Anordnung der Germanium- bzw. Zinnatome ist durch eine Polyederdarstellung hervorgehoben.

So findet man in **1** sechs „nackte" Germaniumatome, die zwei von den Liganden nicht abgeschirmte Ge$_3$-Dreiecksflächen bilden, wodurch **1** für weitere Aufbaureaktionen als Edukt eingesetzt werden kann. Auf diese Weise konnte durch Umsetzungen von **1** die Clusterspezies [MGe$_{18}$(Si(SiMe$_3$)$_3$)$_6$]$^-$ **2** (M=Cu **a**, Ag **b**, Au **c**) erhalten werden.[12] (Abbildung 4)

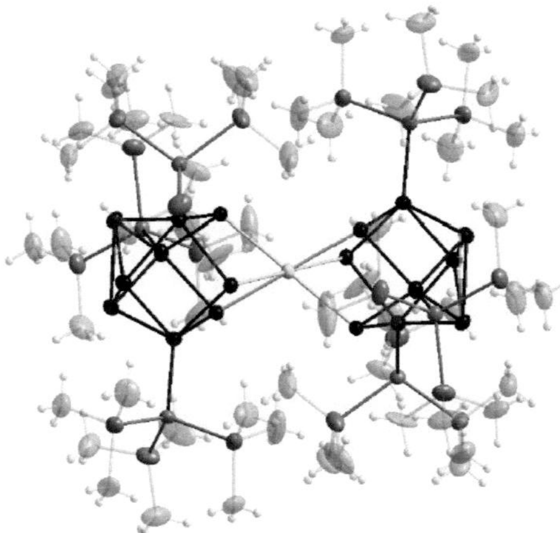

Abbildung 4: Molekülstrukturen der [MGe$_{18}$(Si(SiMe$_3$)$_3$)$_6$]$^-$ - Anionen **2a-c** (M=Cu,Ag,Au). Schwingungsellipsoide mit 25% Wahrscheinlichkeit.

Neben den metalloiden Clusterverbindungen kennt man noch eine zweite große Gruppe an Clusterverbindungen im Bereich der 14. Gruppe; die sogenannten Zintlionen der allgemeinen Summenformel E_n^{m-} (n = 5, 9; m = 2, 4).[13] Die Zintlionen unterscheiden sich von den metalloiden Clustern vor allem in der mittleren Oxidationsstufe der Metallatome, die bei den Zintlionen kleiner als Null ist, wohingegen die mittlere Oxidationsstufe der Metallatome bei metalloiden Clustern zwischen Null und Eins liegt. Obwohl hoch geladene Zintlionen oftmals als viel zu reaktiv angesehen werden, konnten in den letzten Jahren eine ganze Reihe gezielter Folgereaktionen durchgeführt werden, bei denen Zintlionen zum Teil auf ähnliche Weise wie **1** verknüpft werden. So wurden Zintlionen der Elemente der 14. Gruppe mit metallorganischen Fragmenten von Haupt- und Nebengruppenmetallen in nukleophilen und elektrophilen Additionsreaktionen umgesetzt.[14] Dabei gelang es beispielsweise *Fässler et al.* durch Reaktion des Zintlanions Ge_9^{4-} mit Ph_3PAuCl zunächst das Anion $[Au_3Ge_{18}]^{5-}$ darzustellen, in dem zwei Ge_9-Einheiten durch drei Goldatome verknüpft sind.[15] Durch Änderung der Reaktionsbedingungen konnte sogar eine noch größere Clusterverbindung erhalten werden, die eine neuartige $[Ge_{45}]$-Einheit enthält (Abbildung 5), in der vier Ge_9-Einheiten kovalent über neun weitere Germaniumatome verbunden sind. Die einzelnen Ge_9-Einheiten sind dabei über Germaniumatome verbrückt und gleichzeitig an drei Goldatome koordiniert.[16]

Abbildung 5: Molekülstruktur der Verbindung $[Au_3Ge_{45}]^{9-}$.

Des Weiteren gelang es *Goicoechea et al.* in Reaktionen von Zintlanionen der Formel E_9^{4-} (E = Ge, Sn, Pb) mit Dimesitylzink und Diisoproylzink Verbindungen der Zusammensetzung E_9ZnR (E = Ge, Sn, Pb / R = Mes, ^iPr) darzustellen.[17] Ebenso konnten, wie in Abbildung 6 gezeigt, die Zintlionen E_9^{4-} (E = Sn, Pb) mit $Cd(C_6H_5)_2$ zu den Clusterverbindungen $E_9Cd(C_6H_5)$ umgesetzt werden, welche durch Reaktion mit HSn^nBu_3 in $E_9CdSn^nBu_3$ überführt werden können.[17] Somit stellt nun nicht mehr nur die Synthese und die strukturellen Untersuchungen an Clusterverbindungen eine Herausforderung dar, sondern auch die Untersuchung einer möglichen Folgechemie ist von zunehmendem Interesse.

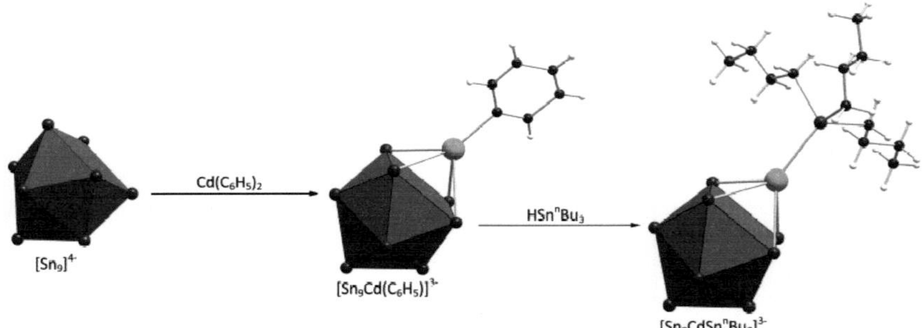

Abbildung 6: Syntheseroute zur Darstellung von Verbindungen des Typs $E_9CdSn^nBu_3$. Die Anordnung der Zinnatome ist durch eine Polyederdarstellung hervorgehoben.

2. Aufgabenstellung

Die hier vorgestellte Arbeit befasst sich mit mehreren Aspekten. Ein Ziel war es, neue metalloide Germaniumcluster darzustellen und deren Eigenschaften zu untersuchen. Hierzu wurden die bisher bewährten Lösemittelgemische Toluol/N^nPr_3, Tetrahydrofuran/Acetonitril/$NnBu_3$ und 1,2-Difluorbenzol/$NnBu_3$ bei der Darstellung von Germaniummonohalogeniden während der Kokondensation eingesetzt. Die erhaltenen Lösungen sollen mit bisher noch nicht verwendeten Ligandsystemen umgesetzt werden. So soll beispielsweise das Synthesepotential von $Li[(SiMe_3)N(2,6-{}^iPr_2C_6H_3)]$ untersucht werden; eine Lithiumverbindung, die sich bereits bei der Darstellung metalloider Cluster bewährt hat. Zudem soll das Synthesepotential der isolierbaren Germaniummonohalogenidlösung mit dem tenären Lösemittelgemisch Tetrahydrofuran/Acetonitril/$NnBu_3$, mit der bereits die neutrale Germaniumclusterverbindung $(THF)_{12}Na_6[Ge_{10}(Fe(CO)_4)_8]$ **7** [18] erhalten werden konnte, weiter ausgebaut werden. Hierzu soll unter anderem die Ligandverbindung $KFeCp(CO)_2$ zur Synthese neuer metalloider Germaniumcluster eingesetzt werden. Diese Untersuchungen sollen auf die zweite, isolierbare Germaniummonohalogenidlösung, mit dem Lösemittelgemisch 1,2-Difluorbenzol/$NnBu_3$, ausgeweitet werden, wobei Versuche mit der Ligandverbindung $Li[(SiMe_3)N(2,6-{}^iPr_2C_6H_3)]$ durchgeführt werden sollen. Außerdem soll das Feld an Liganden zur Stabilisierung metalloider Cluster unter Verwendung von $LiOSiMe_3$ erweitert werden.

Da die bisher verwendeten Lösemittelgemische diversen Einschränkungen unterliegen, war ein weiteres Ziel dieser Arbeit eine neue Germaniummonohalogenidlösung zu synthetisieren, die diesen Einschränkungen nicht unterworfen ist. Hierzu soll vor allem die Donorkomponente des Lösemittelgemischs unter Beibehaltung des Lösemittels Toluol variiert werden. Im Erfolgsfall soll das Synthesepotential dieser neuen

Germaniummonohalogenidlösung zur Darstellung metalloider Germaniumcluster mit unterschiedlichen Ligandsystemen wie z.B. $Si(SiMe_3)_3$ untersucht werden.

Neben der Synthese neuer metalloider Germaniumcluster soll im Rahmen der hier vorgestellten Arbeit die Folgechemie der metalloiden Clusterverbindung $Ge_9R_3^-$ (R = $Si(SiMe_3)_3$) **1** erweitert werden. Dabei sollen zum einen Gasphasenuntersuchungen durchgeführt werden um Einblicke in den Bildungsmechanismus metalloider Clusterverbindungen zu erhalten. Zum anderen sollen Verknüpfungs- und Clustererweiterungsreaktionen zur Darstellung neuartiger Materialien auf Basis metalloider Clusterverbindungen untersucht werden.

3. Metalloide Germaniumclusterverbindungen

3.1. Definition

Es gibt eine Reihe verschiedener Arten von Metallclusterverbindungen und dementsprechend eine Vielzahl an Definitionen. Während F. A. Cotton Metallcluster als Verbindungen mit Metall-Metallkontakten definierte,[19] umfasst laut D. Mingos der Begriff Cluster alle Verbindungen, in denen eine Anordnung von zwei oder mehr Metallatomen mit direkten und substantiellen Metall-Metall-Kontakten vorhanden ist.[20] Ursprünglich umfasste die Bezeichnung Metallatomcluster lediglich Nebengruppenmetallcluster mit Cyclopentadienyl- und Carbonylliganden. Später wurde diese Bezeichnung auf weitere Clusterverbindungen ausgeweitet, so beispielsweise auf Zintlionen (z.B. E_9^{4-} mit E = Ge, Sn, Pb) oder auf die durch Verdampfen der Metalle in der Gasphase erhaltenen Cluster wie z.B. Na_n^+. Beide Arten werden als „nackte"

Cluster bezeichnet, da sie an keine Liganden binden.[21] Die strukturellen bzw. elektronischen Eigenschaften der verschiedenen Clustertypen werden vielfach durch unterschiedliche Modelle beschrieben. So können die durch das Verdampfen von Metallen erhaltenen „nackten" Cluster durch das Jellium-Modell[22] beschrieben werden, wohingegen die Zintlionen durch das Zintl-Klemm-Busmann-Konzept[23] beschreibbar sind. Die ursprünglich für die Borane entwickelten „Wade-Regeln" werden wiederum zur Beschreibung einer Vielzahl von Metall-Ligand-Systemen, sowie vieler Zintlionen verwendet.[24]

Ein Zusammenfassen der verschieden Clustertypen unter einem Sammelbegriff erweist sich auf Grund dieser Unterschiede als problematisch und es ist sinnvoll, die verschiedenen Clusterverbindungen entsprechend ihrer Strukturen und Eigenschaften in entsprechende Untergruppen zu unterteilen. Der Begriff „metalloide Cluster" wurde dabei für Cluster geprägt, in denen ligandstabilisierte Metallkerne vorliegen und somit insgesamt die Anzahl der Metall-Metall-Kontakte die Anzahl der Metall-Ligand-Bindungen übersteigt.[25] Durch das Vorliegen von Metall- bzw. Halbmetallatomen, die nur von anderen Atomen des selben Elements koordiniert werden, erhält der Begriff „metalloid" ("der Topologie von Metall ähnelnd") seine Rechtfertigung, da diese Bindungssituation der von Atomen im (halb)metallischen Festkörper ähnelt. Weisen diese Clusterspezies zudem noch Strukturmotive aus den Elementmodifikationen auf, so kann auch von „elementoiden" Clustern gesprochen werden. Metalloide Clusterverbindungen des Germaniums sind somit Verbindungen der allgemeinen Summenformel Ge_nR_m (n>m, R = Ligand z.B. $N(SiMe_3)_2$, $Fe(CO)_4$ u.s.w.) in denen neben ligandtragenden Atomen auch „nackte" Germaniumatome vorhanden sind. Der Begriff „nackt" bedeutet dabei nicht wechselwirkungsfrei sondern stellt lediglich eine sprachliche Vereinfachung dar.

3.2. Darstellung metalloider Germaniumcluster

Die Synthese metalloider Clusterverbindungen des Germaniums ist alles andere als trivial, da diese Verbindungen Intermediate auf dem Weg zum elementaren Germanium darstellen und daher eine kinetische Stabilisierung und tiefe Reaktionstemperaturen benötigt werden. Da zudem oxidierte Spezies wie GeO_2 nur unter drastischen Bedingungen zum Element reduziert werden können, ist eine ausgewogene Reaktionsführung notwendig. Bis heute sind drei Syntheserouten bekannt. Dabei wird die kinetische Stabilisierung durch sterisch anspruchsvolle Liganden wie $N(SiMe_3)_2$, $Si(SiMe_3)_3$ oder $C_6H_3Dipp_2$ (Dipp = 2,6-iPr$_2$-C$_6$H$_3$) gewährleistet, die den Germaniumkern nach außen abschirmen. Die Synthese eines bestimmten metalloiden Clusters mit einer definierten Anzahl an Metallatomen lässt sich dabei nicht direkt (z.B. auf einem Stück Papier) planen, d.h. es können nur die Rahmenbedingungen (Syntheseroute), unter denen die Bildung einer solchen Verbindung möglich ist, festgelegt werden. Im Folgenden werden die grundlegenden Prinzipien der verschiedenen Syntheserouten diskutiert:

a) Reduktive Eliminierung:

Die reduktive Eliminierung einer Abgangsgruppe XY kann zu „nackten" Germaniumatomen führen, wenn X und Y die letzten Liganden sind, die an die Germaniumatome gebunden sind. Übersteigt die Anzahl der Germaniumatome im Produkt die Anzahl der verbleibenden Liganden, erhält man so Zugang zu metalloiden Clusterverbindungen (Abbildung 7). Diese Syntheseroute wurde von *Sekiguchi et al.* zur Darstellung der kationischen metalloiden Clusterverbindung $[Ge_{10}(Si t Bu_3)_6 I]^+$ **3** vorgeschlagen, die aus der Reaktion des

Germacyclopropens Ge₃(Si*t*Bu)₃I mit einer Mischung aus Kaliumsalzen (KI / KB(C₆F₄H)₄) bei einer Woche Erwärmen auf 50°C in Toluol erhalten wird.[26] Dabei werden die drei „nackten" Germaniumatome in **3** über die Eliminierung von I-Si*t*Bu₃ erhalten, welches über NMR-Spektroskopie als Nebenprodukt in der Reaktionslösung identifiziert werden konnte.

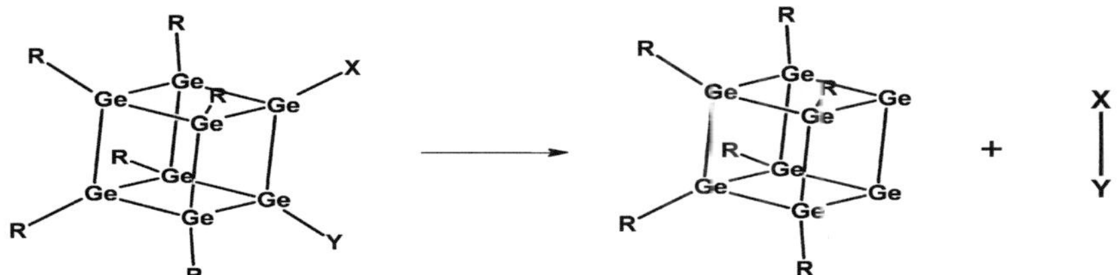

Abbildung 7: Schematische Darstellung der Syntheseroute für die Darstellung metalloider Germaniumcluster über reduktive Eliminierung.

Der vollständige Reaktionsablauf ist zwar unbekannt, es kann allerdings angenommen werden, dass eine Reihe verschiedener Elemtentarreaktionen stattfinden müssen, bevor ein Ge₁₀-Cluster aus einem Ge₃-Precursor gebildet wird. Dieser Nachteil trifft gleichermaßen für alle bisher dargestellten metalloiden Germaniumclusterverbindungen zu, die alle aus Vorstufen mit nur wenigen Germaniumatomen erhalten werden. Dennoch muss es Ziel für die Zukunft sein, einen tieferen Einblick in diesen komplizierten Reaktionsablauf zu erlangen, so dass es in Zukunft möglich sein wird, die Synthese eines metalloiden Clusters, wenn auch nur grob, auf einem Blatt Papier zu planen.

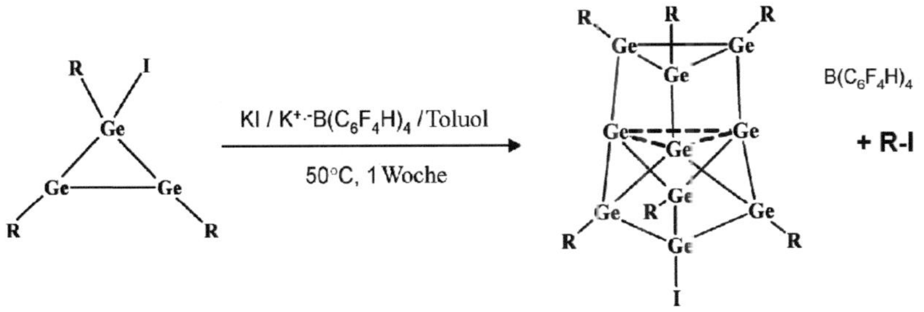

Abbildung 8: Reaktionsschema für die Synthese der metalloiden Clusterverbindung [IGe₁₀(Si*t*Bu₃)₆]⁺.

b) *Reduktive Kupplung:*

Wird eine reduktive Kupplung eines Germylens RGeX (R = sterisch anspruchsvoller Ligand; X = Halogenatom) in der Gegenwart eines Ge(II)halogenids mit einem starken Reduktionsmittel wie z.B. Kalium durchgeführt, kann das Ge(II)halogenid vollständig reduziert und in Form „nackter" Germaniumatome in den Clusterkern eingebaut werden (Abbildung 9), was zu einer metalloiden Clusterverbindung führt:

$$RGeX \ + \ GeX_2 \ \xrightarrow[-MX]{+M} \ RGe - Ge_n \begin{matrix} GeR \\ GeR \\ GeR \end{matrix}$$

Abbildung 9: Schematische Darstellung der Synthese einer metalloiden Clusterverbindung des Germaniums über die Syntheseroute der reduktiven Kupplung.

Diese Syntheseroute kann somit als eine Erweiterung der reduktiven Kupplungsreaktion gesehen werden, die zur Darstellung von Clusterverbindungen der allgemeinen Formel Ge_nR_n benutzt werden und in denen jedes Germaniumatom einen Liganden trägt: z.B. tetraedrische Ge_4R_4 (R = SitBu$_3$),[27] trigonal prismatische Ge_6R_6 (R = CH(SiMe$_3$)$_2$)[28] und kubische Ge_8R_8 Anordnung (R = 2,6,-Et$_2$-C$_6$H$_6$).[29] Da die Synthese polyedrischer Ge_nR_n-Cluster normalerweise nur in Ausbeuten von ein paar Prozent (3 - 10%) erfolgt, sollte eine weitere Verkomplizierung zu geringeren Ausbeuten führen und konsequenterweise würde man nicht erwarten, dass diese Syntheseroute funktioniert.

Es stellte sich jedoch heraus, dass das Gegenteil zutrifft. So gelang es *Power et. al.* die oktaedrisch aufgebaute Ge_6-Clusterverbindung Ge_6Ar_2 **4** (Ar = 2,6,-Dipp$_2$-C$_6$H$_3$; Dipp = 2,6,-iPr$_2$-C$_6$H$_3$)) durch reduktive Kupplung des Germylens ArGeCl in Gegenwart von GeCl$_2$·Dioxan mit C$_8$K in 40%iger

Ausbeute zu isolieren.[30] Ebenso konnte der gemischte metalloide Cluster $Sn_4Ge_2Ar_2$ **4a** mit 20% Ausbeute unter den selben Reaktionsbedingungen erhalten werden, indem $SnCl_2$ an Stelle von $GeCl_2$·Dioxan eingesetzt wurde. Außerdem kann unter Verwendung von $CH(SiMe_3)_2$ oder $2,6$-Mes_2-C_6H_3 (Mes = $2,4,6$-Me_3-C_6H_2) als organischer Ligand am Germylen die metalloide Clusterverbindung Ge_5R_4 **5** in 20% Ausbeute erhalten werden.[31] In **5** ist dabei ein „nacktes" Germaniumatom an zwei Germaniumatome einer schmetterlingförmigen Ge_4R_4-Einheit gebunden (Abbildung 10).

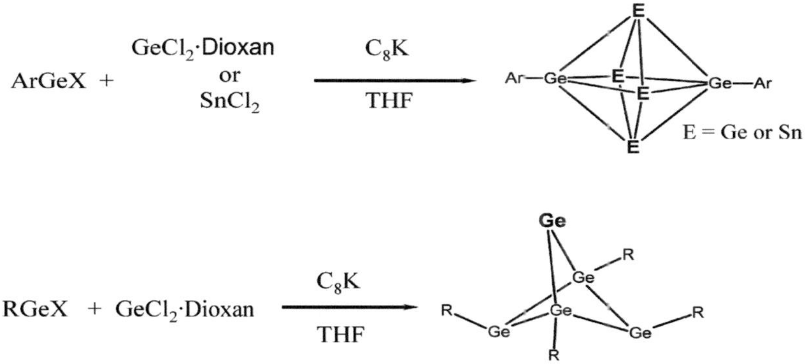

Abbildung 10: Reaktionsschema für die Synthese der metalloiden Clusterverbindung Ge_6Ar_2 und Ge_5R_4 (Ar = $2,6$-Mes_2-C_6H_3; R = $CH(SiMe_3)_2$).

c) *Disproportionierungsreaktion:*

Da metalloide Clusterverbindungen Intermediate auf dem Weg zum elementaren Zustand darstellen (Abbildung 11), sollten sie am besten bei der Bildung der Elemente erhalten werden. Elementares Germanium wird jedoch durch die Reduktion von GeO_2 mit elementarem Wasserstoff bei 650°C dargestellt und unter diesen drastischen Bedingungen ist es sicher nicht möglich, metalloide Clusterverbindungen in vernünftiger Ausbeute auf dem Weg zum elementaren Germanium durch kinetische Stabilisierung zu erhalten. Daher ist eine andere

Ausgangsverbindung nötig, die bei tieferen Temperaturen zum elementaren Zustand reagiert (B in Abbildung 11).

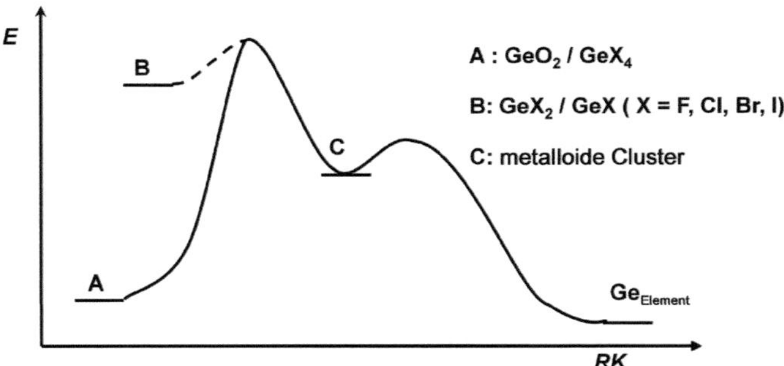

Abbildung 11: Schematische Entwicklung des Energieverlaufs während der Synthese von elementarem Germanium ausgehend von oxidierten Ausgangsverbindungen.

In den letzten Jahren stellte sich heraus, dass die Subhalogenide ideale Kandidaten für eine solche Reaktionsroute darstellen, da die Disproportionierungsreaktion unter milderen Bedingungen stattfindet. Allerdings sind die wohlbekannten Ge(II)halogenide kein passendes Ausgangsmaterial, da z.B. GeBr$_2$ erst bei Temperaturen oberhalb von 150°C disproportioniert,[32] eine immer noch zu hohe Temperatur um die Intermediate auf dem Weg zum Festkörper kinetisch stabilisieren zu können. Die präparativ mit Hilfe der Kokondensationstechnik zugänglichen Germaniummonohalogenide disproportionieren demgegenüber schon bei tieferen Temperaturen (festes Germaniummonobromid bei 90°C) und stellen daher ein besseres Ausgangsmaterial dar.[33]

Wird beispielsweise eine metastabile -78°C kalte Germaniummonobromid-Lösung weiter erwärmt, beginnt das Monohalogenid zu disproportionieren, was letztendlich zu den thermodynamisch stabilen Produkten, elementares Germanium und GeBr$_4$, führt. Im Laufe dieser Disproportionierungsreaktion werden auf dem Weg zum elementaren Zustand germaniumreiche Cluster gebildet, die Halogenidsubstituenten aufweisen, welche an die

14

Germaniumatome an der Clusteroberfläche gebunden sind. Diese Halogenidatome können durch sterisch anspruchsvolle Liganden substituiert werden. Durch die Substitution wird der Germaniumkern dann durch eine Ligandhülle abgeschirmt, wodurch die Clusterverbindungen kinetisch stabilisiert und isoliert werden können. Diese prinzipielle Syntheseroute, die von einem Monohalogenid zu einer metalloiden Clusterverbindung führt, ist in Abbildung 12 schematisch dargestellt.

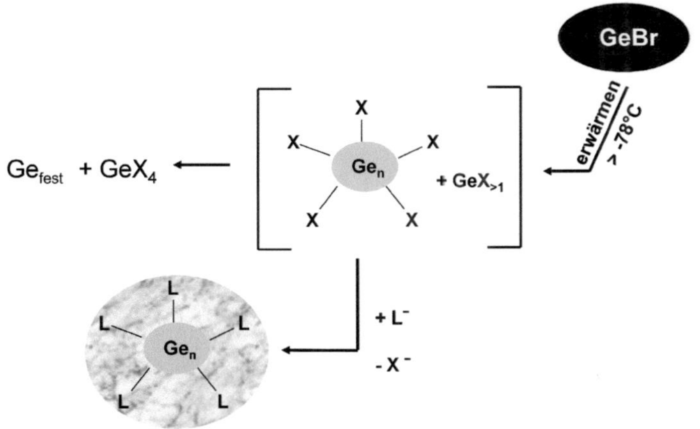

Abbildung 12: Schematische Verlauf der Darstellung metalloider Clusterverbindungen unter Ausnutzung der Disproportionierungsreaktion.

Diese Synthesestrategie kann zu riesigen Clusterverbindungen führen, da sie die intrinsische Eigenschaft des Subhalogenids verwendet, dessen Disproportionierungsreaktion letzten Endes zum Element selbst führt. Für die schwereren Elemente der Gruppe 13, Aluminium und Gallium, wurde dies von *Schnöckel et al.* durch die Synthese von Clusterverbindungen mit bis zu 77 Aluminium- oder 84 Galliumatomen im Clusterkern gezeigt.[7][8] Dementsprechend kann diese Strategie zu metalloiden Clusterverbindungen führen, deren Durchmesser sich im Nanometerbereich bewegen, sofern die richtigen Reaktionsbedingungen bekannt sind. Eben dieser Punkt ist das Hauptproblem, welches bei der Synthese einer metalloiden Clusterverbindung unter Ausnutzung der Disproportionierungsreaktion gelöst werden muss, da keine allgemein gültige Synthesevorschrift existiert und daher für jedes Reaktionssystem viele Experimente nötig sind, bis die richtigen Reaktionsbedingungen gefunden sind. Dies bedeutet, dass die Disproportionierungsreaktion definitiv zu metalloiden Clusterverbindungen führt, jedoch gestaltet es sich als sehr schwierig, die richtigen Reaktionsbedingungen zu finden, unter denen sich diese Verbindungen bilden und gleichzeitig durch eine Ligandhülle stabilisiert werden können.

Trotz dieser Schwierigkeiten erwies sich diese Syntheseroute auch für Germanium als sehr erfolgreich, da von den neun bisher bekannten, strukturell charakterisierten metalloiden Clusterverbindungen sechs über die Syntheseroute unter Ausnutzung der Disproportionierungsreaktion eines Germanium(I)halogenids dargestellt wurden.

Ebenso ist denkbar, dass eine Kombination der verschiedenen Syntheserouten a-c während der komplizierten Bildung einer metalloiden Clustervebindung aus kleinen Vorstufen mit nur wenigen Germaniumatomen stattfindet. Dies wird vor allem bei der Synthese der metalloiden Clusterverbindung $[Ge_9(Si(SiMe_3)_3)_3]^-$ **1** offensichtlich, die durch Reaktion von Germaniummonobromid mit $LiSi(SiMe_3)_3$ (Route c) mit einer Ausbeute von 40% erhalten werden kann. Diese hohe Ausbeute ist recht unüblich in Anbetracht eines so komplizierten Reaktionsgeschehens, war aber eine wichtige Vorbedingung für darauf folgende Reaktionen mit metalloiden Clusterverbindungen (Abschnitt C). Im Laufe der Synthese von **1,** kann die molekulare Verbindung $Si_2(SiMe_3)_6$ als Nebenprodukt in der Reaktionslösung nachgewiesen werden. Eine mögliche Quelle für dieses Nebenprodukt ist die reduktive Eliminierung von R_2:

$$Ge_xR_y \rightarrow Ge_xR_{y-2} + R\text{-}R$$

In Anbetracht des großen sterischen Anspruchs des $Si(SiMe_3)_3$-Liganden scheint eine solche Möglichkeit jedoch recht ungewöhnlich, da der Übergangszustand dieser reduktiven Eliminierung sterisch extrem überladen ist. Im Laufe der Bildung des kationischen Clusters $[Ge_{10}(SitBu_3)_6I]^+$ **3** wird die sterisch weniger überladene Verbindung I-SitBu$_3$ eliminiert. Dennoch zeigen die in Abschnitt B-III-3. diskutierten Gasphasenexperimente von **1**, dass ein solcher Prozess möglich ist. Die Bildung einer metalloiden Clusterverbindung unter Ausnutzung der Disproportionierungsreaktion ist somit deutlich komplexer als in dem in Abbildung 12 dargestellten Schema gezeigt, ein Aspekt, auf den in Kapitel B-III-4. noch einmal gesondert eingegangen wird. Im Folgenden wird auf die Synthese und die Eigenschaften der Monohalogenide näher eingegangen.

3.3. Darstellung und Stabilisierung von GeX-Hochtemperaturteilchen mit Hilfe der Kokondensationstechnik

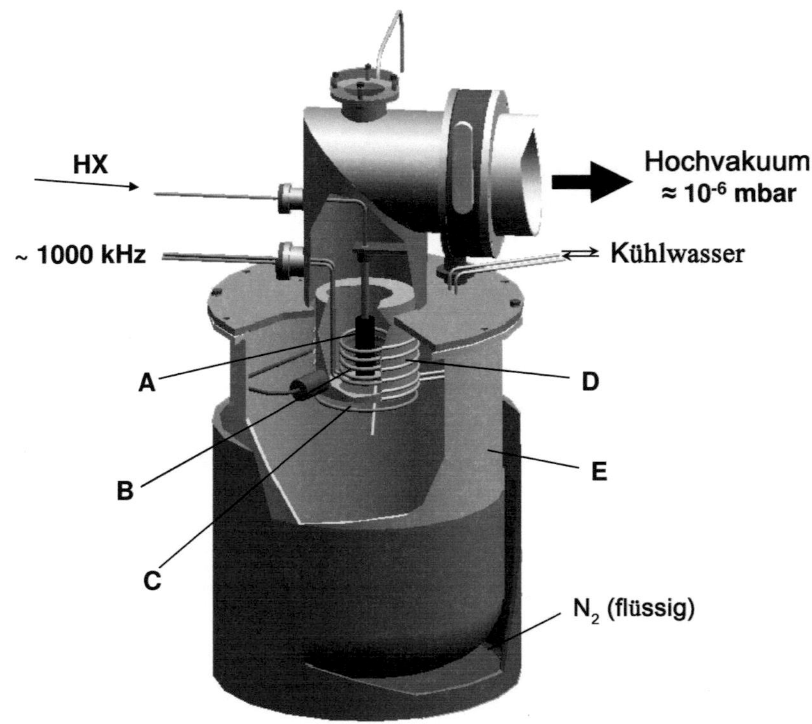

Abbildung 13: Aufbau der Kokondensationsapparatur: A: Graphitreaktor; B: Induktionsspule; C: Lösemitteleinlass; D: wassergekühltes Kupferschild; E: Edelstahlglocke.

In Abbildung 13 wird die zur Synthese von Germaniummonohalogeniden im präparativen Maßstab eingesetzte Kokondenstionsapparatur gezeigt. Die zentrale Einheit der Kokondensationsapparatur stellt der Graphitreaktor (A) dar, in dem elementares Germanium vorgelegt wird. Beheizt wird der Reaktor induktiv über ein hochfrequentes Wechselfeld von ca. 1MHz, wodurch Temperaturen von bis zu 2000°C erreicht werden können. Spule (B) und

Reaktor sind seitlich und nach oben durch ein wassergekühltes Kupferschild (D) abgeschirmt, an dessen Unterseite eine Messoptik angebracht werden kann. Die Messoptik ist über ein Glasfaserkabel mit einem Strahlungspyrometer verbunden, mit dem während des Versuchs die Reaktortemperatur direkt überwacht werden kann. Über den Lösemitteleinlass (C) unterhalb des Kühlschildes wird vor, während und nach der Reaktion ständig Lösemittel zugegeben. Das Halogenwasserstoffgas (z. B. HBr) wird direkt in den beheizten Reaktor geleitet. Im unteren Teil besteht die Apparatur aus einer Edelstahlglocke (E) mit einem Fassungsvermögen von ca. 30L, welche je nach Bedarf von außen mit flüssigem Stickstoff, Trockeneis oder Isopropanol/Trockeneis-Mischungen gekühlt werden kann. Die gesamte Apparatur ist an ein Hochvakuumpumpensystem angeschlossen, mit dem ein Druck von bis zu $1 \cdot 10^{-6}$ mbar realisiert werden kann. Außerdem ist es möglich, die Anlage mit Inertgas wie z.B. N_2, zu fluten. Während der Reaktion wird der Graphitreaktor auf die benötigte Temperatur geheizt und es werden kontinuierlich HBr und Lösemittel eingeleitet. Unter diesen Reaktionsbedingungen reagiert HBr mit dem vorgelegten Germanium zu Germaniummonobromid und elementarem Wasserstoff ($2Ge + 2HBr \rightarrow 2GeBr + H_2$). Das Entfernen des entstehenden Wasserstoffs wird durch das Hochvakuumpumpensystem gewährleistet, wodurch ein konstanter Druck von ca. $1{,}5 \cdot 10^{-5}$ mbar innerhalb der Apparatur eingestellt wird. Das unter diesen Bedingungen gasförmige GeBr verlässt den Graphitreaktor an der Unterseite und wird zusammen mit dem Lösemittel an der mit flüssigem Stickstoff gekühlten Edelstahlglockenwand ausgefroren. Nach Beendigung der Reaktion wird die Edelstahlglocke auf -78°C erwärmt und die ganze Anlage mit Inertgas (N_2) geflutet. Dabei wird die Lösemittelmatrix aufgeschmolzen und das Germaniummonhalogenid kann über eine Edelstahlkanüle in eine gekühlte Vorlage überführt werden. Außerdem ist es möglich, die Germaniummonobromidlösung auch direkt innerhalb der Anlage in einer Folgereaktion umzusetzen. Hierzu wird zu der

Germaniummonobromidlösung in der Anlage ein in Toluol gelöstes Metathesereagenz (z.B. LiN(SiMe$_3$)$_2$) direkt zugegeben. Als Reaktionsgefäß dient hierbei die Edelstahlglocke, weshalb diese Reaktionen im Rahmen dieser Arbeit als „Glockenumsetzungen" bezeichnet werden. Die so erhaltene Reaktionslösung kann dann langsam unter Rühren auf Raumtemperatur erwärmt und anschließend mit N$_2$-Überdruck über die Edelstahlkanüle in ein Schlenkgefäß überführt werden. Solche Glockenumsetzungen sind vor allem dann nötig, wenn sich das Monohalogenid nicht isolieren lässt. Führt man beispielsweise eine Kokondensationsreaktion von Germaniummonobromid mit dem Lösemittelgemisch Toluol/^{n}Pr$_3$N durch, so erhält man Germaniummonobromid in Form eines dunkelroten Öls, welches nicht isoliert werden kann, so dass Folgereaktionen innerhalb der Anlagen durchgeführt werden müssen. So konnten z.B. in sogenannten Glockenumsetzungen mit dem Lösemittelgemisch Tolul/Tri^{n}Propylamin mit den Liganden Lithium-Hexamethyldisilazid und 2,6-^{t}Butoxyphenyllithium die verzerrt würfelförmigen Clusterspezies Ge$_8$(N(SiMe$_3$)$_2$)$_6$ **6a** und Ge$_8$(Ar)$_6$ **6b** (Ar=2,6-^{t}Butoxyphenyl) dargestellt werden.[34][35] Ebenfalls mit Hilfe einer solchen Glockenumsetzung, in diesem Fall mit Si(SiMe$_3$)$_3$ als Ligand, konnte der anionische metalloide Cluster [Ge$_9$(Si(SiMe$_3$)$_3$)$_3$]$^-$ **1** erhalten werden. Wie oben beschrieben ist **1** auf Grund seiner besonderen Struktur für die später beschriebene Folgechemie von besonderem Interesse.[10] Verwendet man demgegenüber für die Kokondensationsreaktion die Lösemittelgemische THF/CH$_3$CN/^{n}Bu$_3$N bzw. 1,2-Difluorbenzol/^{n}Bu$_3$N, so erhält man bei tiefen Tempeaturen (ca. -40°C) isolierbare Germaniummonohalogenid-Lösungen die zur Synthese metalloider Clusterverbindungen außerhalb der Kokondensationsapparatur eingesetzt werden können. So lässt sich z.B. aus der Umsetzung der isolierbaren Germaniummonohalogenidlösung mit dem ternären Lösemittelgemisch Acetonitril/Tetrahydrofuran/Tri^{n}Butylamin mit Collmanns-Reagenz (Na$_2$Fe(CO)$_4$) die neutrale Clusterspezies (THF)$_{12}$Na$_6$[Ge$_{10}$(Fe(CO)$_4$)$_8$] **7** erhalten.[36] All diese Verbindungen konnten bisher ausschließlich aus den metastabilen Monohalogenid-Lösungen des Germaniums erhalten werden und sind im Gegensatz zu der zum Beispiel oben genannten Verbindung Ge_6Ar_2 (mit Ar = C_6H_3-2,6-$Dipp_2$; Dipp = C_6H_3-2,6-iPr_2) nicht über die „klassische" Route, also über reduktive Kupplung, zugänglich. Bei der Synthese metalloider Clusterverbindungen unter Ausnutzung der Disproportionierungsreaktion spielt die Stabilität der Monohalogenidlösung eine entscheidende Rolle. Die Disproportionierungsreaktion findet bei festem Germaniummonobromid erst bei Temperaturen oberhalb 90°C,[33] bei den homogenen Monohalogenid-Lösungen jedoch bereits bei deutlich niedrigeren Temperaturen statt. Einfluss auf die Stabilität und damit auf die Temperatur, bei der die Disproportionierungsreaktion einsetzt, nehmen dabei verschiedene Faktoren wie z.B. Donorstärke und Dielektrizitätskonstanten der Lösemittelkomponenten. Es existieren somit vielfältige Faktoren, die auf die Bildung einer metalloiden Clusterverbindung unter Ausnutzung der Disproportionierungsreaktion Einfluss nehmen, d.h. das Auffinden der richtigen Synthesebedingungen ist keineswegs trivial, da eine Vielzahl von Parametern (Konzentration, Lösemittel, Donor, Temperatur u.s.w.) eingestellt werden müssen, bisher ist noch kein allgemein anwendbares Synthesekonzept bekannt. Des Weiteren kommt erschwerend hinzu, dass direkte Einblicke in den Reaktionsverlauf z.B. mit NMR-Spektroskopie nicht möglich sind. Massenspektrometrische Methoden bieten hier einen Ausweg, wie im Folgenden diskutiert wird.

Teil B: Massenspektrometrische Untersuchungen

I. Theoretische Grundlagen

1. Einleitung

Aufgrund der schon erwähnten Komplexität des Reaktionsgeschehens während der Bildung einer metalloiden Clusterverbindung unter Ausnutzung der Disproportionierungsreaktion werden vielfach schwer auftrennbare Reaktionsgemische erhalten. Oftmals ist es dabei nicht möglich, die Verbindungen, die bei der Synthese entstehen, in kristalliner Form zu isolieren. Die Gründe hierfür sind vielfältig. Zum einen können Produktgemische aus vielen Verbindungen mit sehr ähnlichen Eigenschaften vorliegen. Durch die ähnlichen Eigenschaften ist eine Auftrennung sehr schwierig und wird im Falle der metalloiden Clusterverbindungen zusätzlich dadurch erschwert, dass viele Verbindungen hydrolyse- und oxidationsempfindlich sind, wodurch Trennverfahren wie z.B. Säulenchromatographie ungeeignet sind, da die Füllmittel der Chromatographiesäulen mit den Verbindungen irreversibel reagieren können. Zum anderen können in Lösung dynamische Gleichgewichte vorliegen, die eine Kristallisation erschweren. Um dennoch Einblicke in die Produktpalette zu erhalten, eignet sich die moderne Hochleistungsmassenspektrometrie, welche von zwei Faktoren entscheidend mitgeprägt wurde. Dies ist zum einen die Entwicklung neuer Ionisierungsmethoden wie z.B. der Elektrospray-Ionisation (ESI). Zum anderen hat die Entwicklung der Fouriertransform-Ionenzyklotronresonanz-Massenspektrometrie (FT-ICR-MS) der Methode enormen Aufschwung gebracht.

Das seit den 50er Jahren des zwanzigsten Jahrhunderts bekannte Grundprinzip der Ionenzyklotronresonanz-Massenspektrometrie wurde von Alan G. Marshall und Melvin B. Comisarow 1974 wegweisend verbessert.[37,38,39] Dank der großen Fortschritte in der Hochfrequenztechnik und durch die Entwicklung immer leistungsfähigerer Computer zur Datenverarbeitung wurden in den folgenden 20 Jahren schnell zuverlässige kommerzielle Geräte verfügbar. Die Fouriertransform-Ionenzyklotronresonanz-Massenspektrometrie weist dabei im Vergleich zu anderen massenspektrometrischen Methoden deutliche Vorteile im Bereich Empfindlichkeit, Auflösungsmethoden und Massegenauigkeit auf.

Mit der Entwicklung der zwei Ionisierungsmethoden MALDI (Matrix-unterstützte-Laser-Desorption/Ionisation)[40,41] und ESI[42] in den 1980er Jahren, deren Entwickler 2002 mit dem Nobelpreis für Chemie geehrt wurden, ist es möglich, schwere Moleküle mit einem Gewicht von bis zu 50.000 Dalton in die Gasphase zu bringen.[43] Dadurch gelang der Fouriertransform-Ionenzyklotronresonanz-Massenspektrometrie schließlich der Durchbruch zur breiten Anwendung. Ein weiterer, entscheidender Aspekt stellt die Möglichkeit der Strukturaufklärung mittels stoßinduzierter Dissoziationsexperimente dar. Ursprünglich vor allem in den Biowissenschaften (z.B. Strukturaufklärung von DNA-Bausteinen) von großer Bedeutung, findet diese Methode ihre Anwendung auch in der Anorganischen Chemie, beispielsweise durch die Untersuchung des Fragmentierungsverhaltens metalloider Cluster in der Gasphase.[44] Des Weiteren können auch Gasphasenreaktionen an isolierten Molekülen durchgeführt werden, womit Elementarreaktionen der Oxidation bzw. Reduktion von Metallen oder Halbmetallen direkt beobachtbar werden.

2. Elektrospray-Ionisation (ESI)

Ein großer Vorteil der ESI-Methode ist die Möglichkeit Proben zu analysieren, bei denen sich die zu untersuchenden Verbindungen in Lösung befinden.[45] Die Probelösung wird dabei über eine Edelstahlkapillare in die Probenkammer geleitet. Am Ausgang der Kapillare herrscht ein starkes elektrisches Feld, wodurch die leitfähige polare Flüssigkeit in geladene Tröpfchen zerstäubt wird (Abbildung 14). Dabei wird zunächst beim Austreten der Lösung aus der Kapillare, aufgrund der entgegengesetzt wirkenden Oberflächenspannung und der Wechselwirkung der Dipole in der Flüssigkeit mit dem elektrischen Feld, ein konischer Meniskus ausgebildet; der so genannte Taylor-Kegel.[46] Sofern die Flüssigkeit eine ausreichende elektrische Leitfähigkeit aufweist, wird ausgehend von der Spitze des Taylor-Kegels ein dünner Flüssigkeitsstrahl ausgebildet. Durch Wechselwirkungen der Oberflächenspannung und der Viskosität entstehen so genannte variköse Wellen. Die Amplitude dieser Wellen steigt stetig an, bis der Strahl schließlich unterbrochen wird und Segmente gleicher Länge gebildet werden, welche unter der Wirkung der Oberflächenspannung zu nahezu einheitlichen Primärtropfen aggregieren.[47] Die weitgehende Abtrennung des Lösemittels aus dem Ionen/Solvens-Gemisch bei Normaldruck wird durch ein zentrales Merkmal dieser Methode ermöglicht: der Gegenstromführung des Badgases (im Normalfall auf 200°C erwärmtes N_2). Der Radius der geladenen Tröpfchen wird durch das Verdampfen des Lösemittels immer kleiner und die Ladungen rücken auf der Oberfläche näher zusammen, bis die Coulomb-Abstoßung die Oberflächenspannung übersteigt und die Tropfen derart destabilisiert werden, dass sie unter Bildung vieler kleinerer geladener Tröpfchen auseinanderbrechen (Rayleigh-Grenze). Für die darauf folgenden Prozesse wurden zwei Theorien aufgestellt:

1.) Das von Dole *et al.* angenommene „Modell des Geladenen Rückstandes" (Charge Residue Model, CRM). Dabei wird angenommen, dass die in einer ersten Rayleigh-Instabilität gebildeten Tröpfchen durch das Verdampfen von weiterem Lösemittel immer weiter schrumpfen, bis sie eine zweite Rayleigh-Instabilität erreichen, die wiederum zur Bildung noch kleinerer geladener Tröpfchen führt.[48] In stark verdünnten Lösungen des Analyten sollte das wiederholte Erreichen von Rayleigh-Instabilitäten und das damit verbundene Ausbilden immmer kleinerer geladener Tröpfchen schlussendlich zu Tropfen führen, die nur noch ein gelöstes Analytmolekül enthalten. Mit dem Verdampfen der letzten Lösemittelmoleküle werden Ladungsträger von der Oberfläche auf das Analytmolekül übertragen, wobei ein gasförmiges ein- oder mehrfach geladenes Analytion entsteht.

2.) Alternativ wurde von Iribarne und Thomson das „Ionen-Verdampfungsmodell" (Ion Evaporation Model) vorgestellt. Dabei wird angenommen, dass die Stärke des elektrischen Feldes ausreicht, um im Tropfen gelöste Ionen aus der Tropfenoberfläche herauszuziehen und damit in die Gasphase zu überführen.[49]

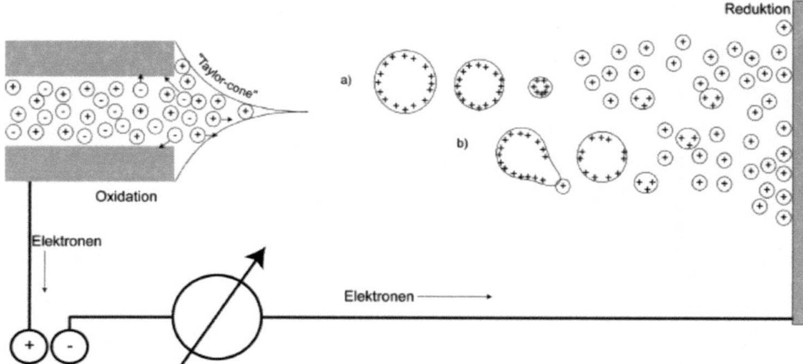

Abbildung 14: Schematischer Aufbau der ESI-Ionenquelle mit Tröpfchenbildung nach (a) dem Modell des geladenen Rückstandes und (b) dem Ionen-Verdampfungsmodell.

Die beiden Modelle schließen sich nicht aus und erklären plausibel, wie das Analytion von seiner Lösemittelhülle befreit wird. Im Gegensatz zu anderen Methoden werden bei der Elektrospray-Ionisierung kaum Fragmentierungen beobachtet, d.h. es handelt sich hier um eine sehr milde Methode um Ionen in die Gasphase zu überführen. Sie ist daher hervorragend geeignet, um empfindliche, gelöste Analytmoleküle unzersetzt in die Gasphase zu überführen.

3. Die Fouriertransform-Ionenzyklotronresonanz-Massenspektrometrie

Angesichts der Tatsache, dass die Funktionsweise eines FT-ICR-Massenspektrometers in der Literatur hinreichend beschrieben ist, werden im Folgenden lediglich die wichtigsten Prinzipien, welche für das Verständnis der Experimente wichtig sind, erläutert.[50][51] Das folgende Kapitel beschreibt das Speichern von Ionen sowie ihre Massenselektion und Detektion. Des Weiteren wird auf Dissoziationsexperimente und Reaktionen in der Gasphase eingegangen.

3.1. Physikalische Grundlagen

Auf ein geladenes Teilchen, welches sich in einem homogenen Magnetfeld fortbewegt und dabei eine Geschwindigkeitskomponente senkrecht zur Feldrichtung besitzt, wirkt die Lorentzkraft gemäß:

$$\vec{F} = q\vec{v} \times \vec{B} = m\frac{d\vec{v}}{dt} \qquad (3.1\text{-}1)$$

Dabei ist m die Masse des geladenen Teilchens, q und v dessen Ladung und Geschwindigkeit.[50][52] Die Magnetfeldstärke wird durch B beschrieben (für die folgende Betrachtung in z-Richtung). Als Folge der Lorentzkraft wird das geladene Teilchen auf eine Kreisbahn in der xy-Ebene gezwungen (Zyklotronbewegung). Dabei ändert sich nur die Richtung, nicht aber der Betrag des Geschwindigkeitsvektors. Das Magnetfeld leistet keine Arbeit am Teilchen und hat keinen Einfluß auf seine kinetische Energie.[53] Der Radius r der Zyklotronbewegung wird über das zweite Newtonsche Bewegungsgesetz berechnet, wobei die Zentripetalkraft der Kreisbewegung mit der Lorentzkraft gleichgesetzt wird.

$$F = qv \cdot B_0 = \frac{mv^2}{r} \qquad (3.1\text{-}2)$$

Aus Gleichung (3.1-2) ergibt sich der Radius der Zyclotronbahn wie folgt:

$$r = \frac{mv}{qB_0} \qquad (3.1\text{-}3)$$

Bleibt das äußere Magnetfeld unverändert, so ist der Radius nur von dem Impuls des Ions in der xy-Ebene und dessen Ladung abhängig. Die Zyklotronfrequenz $\omega_c = \frac{v}{r}$ wird durch Umformung der Gleichung (3.1-3) erhalten:

$$\omega_c = \frac{qB_0}{m} \qquad (3.1\text{-}4)$$

Dabei ist bemerkenswert, dass die Zyklotronfrequenz nur vom Verhältnis der Masse zur Ladung und vom äußeren Magnetfeld abhängig ist.

3.2. Die ICR-Zelle

Auch wenn die Ionen in einem Magnetfeld, wie oben beschrieben, auf eine Kreisbewegung in der xy-Ebene gezwungen werden, so haben sie dennoch einen Freiheitsgrad der Translation in z-Richtung. Daher wird ein elektrostatisches Feld angelegt, um die Bewegung der Ionen in z-Richtung einzuschränken (Trapping). Hierzu werden zwei Platten, welche typischerweise auf gleichem und zur Ionenladung gleichnamigem Potential V_z liegen, so in das Magnetfeld eingebracht, dass ihre Flächen senkrecht zum Magnetfeld stehen. Dabei nimmt man für diese Platten idealisiert unendliche Ausdehnung an. Experimentell ist es nicht möglich, ein Potential $V(z)$ zu erzeugen, welches ausschließlich in z-Richtung wirkt um die Ionen in der Falle zu halten. Die Laplace-Gleichung:

$$\Delta V(x, y, z) \;=\; 0 \qquad\qquad (3.2\text{-}1)$$

kann in Abwesenheit von Ladung in der Falle mit Ausname der trivialen Lösung nur dann gelöst werden, wenn das Potential von Null verschiedene Anteile in x- und y-Richtung hat. Zumindest im Zentrum der Zelle lässt sich der tatsächliche Potentialverlauf in guter Näherung durch ein quadrupolares Potential beschreiben:[43]

$$\Delta V(x, y, z) \;=\; V_T \left[\gamma - \frac{\alpha}{a^2} \, (x^2 + y^2 - 2z^2) \right] \qquad\qquad (3.2\text{-}2)$$

Das an die Trapping-Elektroden angelegte Potential ist hierbei V_T; α und γ sind Parameter, die die Fallengeometrie berücksichtigen und a ist eine charakteristische Fallendimension. Unter Berücksichtigung des resultierenden elektrischen Feldes

$$\vec{E} = -\vec{\nabla}V(x,y,z) \tag{3.2-3}$$

lautet die vollständige Bewegungsgleichung für die Ionen in der ICR-Zelle

$$\vec{F} = m\frac{d\vec{v}}{dt} = q\vec{E} + q\vec{v} \times \vec{B} \tag{3.2-4}$$

Der Ansatz aus Gleichung (3.2-2) führt auf drei lineare Differentialgleichungen zweiter Ordnung, wobei man die Gleichung in z separat lösen kann. Somit wird eine harmonische Schwingung in z-Richtung mit der Trapping-Frequenz v_T erhalten.

$$v_T = \sqrt{\frac{q\alpha V_T}{\pi^2 m a^2}} \tag{3.2-5}$$

Die zwei verbleibenden, gekoppelten Differentialgleichungen beschreiben die Bewegung in x- und y-Richtung. Das Lösen dieser zwei Differentialgleichungen führt auf zwei linear unabhängige zyklische Bewegungsformen. Die Bewegung mit der Kreisfrequenz ω_+ ist die frequenzverschobene Zyklotronbewegung, und ω_- heißt Magnetronbewegung.

$$\omega_+ = \frac{1}{2}\left[\omega_c + \omega_c\sqrt{1 - \frac{m}{m_{crit}}}\right] \tag{3.2-6}$$

$$\omega_- = \frac{1}{2}\left[\omega_c - \omega_c\sqrt{1 - \frac{m}{m_{crit}}}\right] \tag{3.2-7}$$

Die Magnetronbewegung hat üblicherweise eine geringere Frequenz als die Zyklotronbewegung. Mit m_{crit} wird das Verhältnis m/z bezeichnet, für das gerade noch Ionen in der Falle gespeichert werden können. Es ist gegeben durch:

$$m_{crit} = \frac{qa^2B^2}{8\alpha V_T}$$

(3.2-8)

Aus der Überlagerung der Trappingbewegung v_T, der Zyklotronbewegung ω_T und der Magnetronbewegung ω_- resultiert die relativ komplizierte Bewegung der Ionen in der ICR-Zelle. Von Bedeutung für die Detektion der Ionen ist aber nur die Zyklotronbewegung in der xy-Ebene. Ein derartiger Ionenkäfig wird durch eine sogenannte Penningfalle (Abbildung 15) mit insgesamt sechs Elektroden realisiert. Dabei haben sich in der Praxis zylindrische Zellen bewährt. Die beiden Trapping-Elektroden begrenzen die Beweglichkeit der Ionen in z-Richtung. Der zylindrische Mantel ist aus zwei Paaren gegenüberliegender Elektroden aufgebaut, wobei das eine Paar der dipolaren Anregung der nachzuweisenden Ionen dient, das andere Paar der Detektion des durch die umlaufenden Ionen erzeugten Bildstromes. Dieser von den umlaufenden Ionen induzierte Bildstrom mit der Zyklotronfrequenz ω ist die einzige Messgröße, die von den Empfangselektroden detektiert wird.

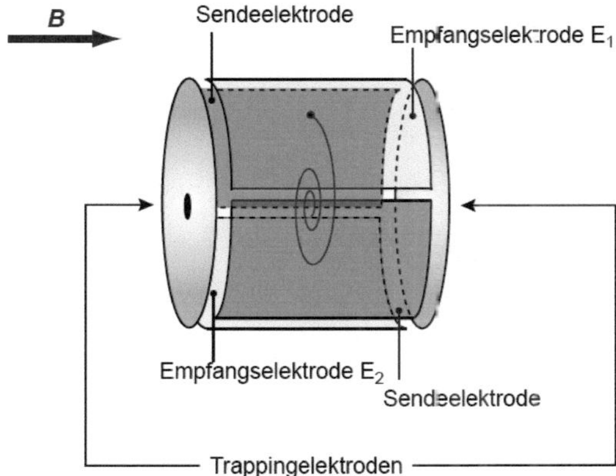

Abbildung 15: Schematische Darstellung einer zylindrischen Penningfalle.

3.3 Detektion

Für die Detektion der Ionen ist ausschließlich deren Kreisbewegung in der xy-Ebene mit der Zyklotronfrequenz ω von Bedeutung. Nach Einlaß in die ICR-Zelle bewegen sich alle Ionen statistisch verteilt auf einer vergleichsweise kleinen Kreisbahn. Wird an den Sendeelektroden ein äußeres, oszillierendes elektrisches Feld im Radiofrequenzbereich (RF-Breitbandpuls) angelegt, so werden die Ionen die die Resonanzbedingungen erfüllen beschleunigt und die Kreisbahn wird somit vergrößert. Unmittelbar nach der dipolaren Anregung befinden sich alle Teilchen in einem Ionenpaket auf der stark vergrößerten Kreisbahn. Da die Zyklotronfrequenz unabhängig von der kinetischen Energie der Ionen ist und nur vom Verhältnis m/z abhängt, wird sie nicht durch den Anregungsprozess beeinflußt. Sobald sich ein Ionenpaket einer der Empfangselektroden annähert wird ein Bildstrom induziert, welcher detektiert werden kann. Im Laufe der Zeit verliert die Bewegung der Ionen ihre Kohärenz und die Pakete lösen sich auf. Dieser Effekt kann anhand der Abnahme des Detektionssignals beobachtet werden (Free Induction Decay, FID). Liegt nur eine Ionensorte vor, so hat der detektierte Bildstrom den Verlauf einer (gedämpften) Sinuswelle und oszilliert mit der Zyklotronfrequenz. Da in der Realität in der Ionenfalle viele Ionen mit unterschiedlichen Massen und Ladungszuständen vorhanden sind, wird infolgedessen eine Überlagerung (Interferenz) aller Zyklotronfrequenzen gemessen. Über eine Fouriertransformation erhält man aus dem gemessenen Detektionssignal (Zeitdömäne) ein Spektrum in der Frequenzdomäne, und daraus schließlich die jeweiligen m/z Verhältnisse. Man kann den Detektionsprozess also in drei Ereignisse unterteilen: Die Anregung der Ionen mit einem RF-Breitbandpuls, die Aufnahme des freien Induktionsabfalls und die Analyse des Detektionssignals mittels einer Fourieranalyse.

3.4. Massenselektion

Besonders bemerkenswert an der ICR-Methode ist die Möglichkeit, Ionen aus der Messzelle selektiv zu entfernen. Erstmalig wurde diese Eigenschaft von Comisarow und Parisod angewendet um Ionen/Molekülreaktionen aufzuklären.[54] Man geht dabei wie folgt vor: Zuerst erfolgt eine dipolare Anregung, deren Frequenz genau der Zyklotronfrequenz der zu eliminierenden Ionen entspricht. Dadurch wird die Kreisbahn der Ionen in der Penningfalle vergrößert. Der resultierende Radius r der Kreisbahn nach Anregung in Abwesenheit von Stößen kann, wie Marshall und Roe zeigten, folgendermaßen berechnet werden:[55]

$$r = \frac{V_0(p-p)t}{2Bd}$$
(3.4-1)

Dabei bezeichnet V_0(p-p) die Amplitude der Spannung, die an zwei parallelen Platten der Entfernung d angelegt wird. Die Magnetfeldstärke B und die Anregungsdauer t sind weitere Parameter. Limitiert wird der Radius r der Kreisbahn durch die Größe der Messzelle, so dass r maximal den Wert von d/2 annehmen kann, wobei d der Abstand der Detektorplatten ist. Die maximale Anregungsdauer t_{max} kann leicht berechnet werden:

$$t_{max} = \frac{2r_{max}Bd}{V_0(p-p)} = \frac{Bd^2}{V_0(p-p)}$$
(3.4-2)

Wird ein Ion für eine längere Zeit als t_{max} angeregt, so wird es aus der ICR-Zelle herausbeschleunigt bzw. es kollidiert mit den Detektorplatten und wird entladen. Auf diese Weise können einzelne unerwünschte Ionen aus der ICR-Zelle entfernt werden. Sollen mehrere verschiedene Ionen gleichzeitig entfernt werden, wird ein Anregungspuls verwendet, der alle Zyklotronfrequenzen der unerwünschten

Ionen enthält. Die Massenselektion und damit die Isolierung von ausgewählten Ionen in der ICR-Zelle erfolgt z.B. nach der SWIFT-Methode (Stored-Waveform Inverse Fourier Transformation).[56][57] Durch Anwenden einer inversen Fouriertransformation kann ein RF-Anregungspuls so berechnet werden, dass damit nur jene Ionen beschleunigt werden, welche aus der ICR-Zelle entfernt werden sollen. Dabei handelt es sich um ein so präzises Verfahren, dass damit sogar Ionen mit einem Massenunterschied von weniger als einem Dalton voneinander getrennt werden können. Im Idealfall bleiben aus einem Gemisch aus ursprünglich vielen verschiedenen Ionen, nur die Ionen zurück die man weiter untersuchen will. Die Penningfalle erfüllt daher mehrere Funktionen: a) mit ihr können Ionen gespeichert, massenselektiert und detektiert werden. b) Vor der Ionenedetektion können Ionen beliebig lange in der Penningfalle gehalten werden um an ihnen beispielsweise stoßinduzierte Dissoziationsexperimente oder Gasphasenreaktionen durchzuführen.

3.5. Stoßinduzierte Dissoziation

Wird für die dipolare Anregung von Ionen in der ICR-Zelle mit einem äußeren elektrischen Wechselfeld eine Anregungsdauer gewählt, die kürzer ist als t_{max}, so werden die Ionen nicht wie oben beschrieben aus der ICR-Zelle herausbeschleunigt, sondern sie werden nur auf eine größere Kreisbahn beschleunigt. Dabei wird zwar die kinetische Energie erhöht, aber nicht die Zyklotronfrequenz, die Zahl der Umläufe pro Zeit bleibt also gleich. Da die Ionen nun einen größeren Weg zurücklegen müssen, erhöht sich ihre Geschwindigkeit. Findet die Anregung in Gegenwart eines Stoßpartners wie Argon oder Stickstoff statt, so wird bei den Kollisionen ein Teil der Translationsenergie in innere Energie überführt. Wird die innere Energie dabei zu groß, kommt es als Konsequenz zum Bruch von Bindungen und es treten

Fragmentierungsreaktionen auf. Bei Dissoziationsexperimenten wird grundsätzlich zwischen resonanter und nicht-resonanter Anregung unterschieden. Bei resonanter Anregung spricht man üblicherweise von Collision Induced Dissociation (CID), dabei entspricht die Anregungsfrequenz exakt der Zyklotronfrequenz der zu fragmentierenden Ionen. Durch folgenden Ausdruck kann dabei die kinetische Energie berechnet werden:

$$E_{kin} = \frac{1}{2}m(\omega r)^2 = \frac{q^2 r^2 B^2}{2m} \qquad (3.5\text{-}1)$$

wobei q den Ladungszustand des Ions bezeichnet. Ersetzt man r aus der Gleichung (3.5-1), so erhält man:

$$E_{kin} = \frac{q^2 V_0^2 (p - p) t^2}{8md^2} \qquad (3.5\text{-}2)$$

Bei stoßinduzierten Dissoziationsexperimenten wird in Anwesenheit des Stoßpartners wie z.B. Argon die kinetische Energie der Ionen solange erhöht, bis Fragmentierungsreaktionen einsetzen. Ist die kinetische Energie der Ionen zum Zeitpunkt der Dissoziation bekannt, können daraus Fragmentierungsenergien abgeleitet werden. Im Falle der nicht resonanten Anregung wird eine Anregungsfrequenz verwendet, die ca. 100-1000 Hz niedriger als die Zyklotronfrequenz der zu fragmentierenden Ionen ist. Diese Methode wird als *Sustained Off Resonance Irridation-Collision Activated Dissociation* (SORI-CAD) bezeichnet.[58] Da hier die Resonanzbedingungen von den Ionen nicht exakt erfüllt ist, finden bei der dipolaren Anregung komplexe Vorgänge statt, bei denen abwechselnd konstruktive und destruktive Interferenzen auftreten, die ihrerseits zu Anregungs- und Abbremszyklen der Ionen führen.[59] Die Energie hängt hier im Gegensatz zur resonanten Anregung nicht mehr quadratisch von der Anregungsdauer t ab, sondern von $\sin^2(t/T)$. Auf Grund dieser Abhängigkeit kann eine sehr lange Dauer der Anregung (einige Sekunden) gewählt werden, ohne dass es zu einer Herausbeschleunigung von Ionen aus der Zelle kommt. Die zugeführte kinetische Energie wird durch einen Maximalwert limitiert. Während der langen Anregungszeit kann eine Vielzahl an Stößen mit den Stoßpartnern stattfinden, sodass die Besetzung aller Energiefreiheitsgrade im anzuregenden Molekül erreicht wird. Ist dies der Fall, kommt es bei hinreichender Anregung zu einer Induzierung von Dissoziationsreaktionen, bei der die schwächsten Bindungen zuerst gebrochen werden. Daher ist SORI-CAD eine ausgezeichnete Methode um das Fragmentierungsverhalten von Verbindungen zu studieren, bzw. um die schwächste Bindung innerhalb eines Moleküls zu identifizieren.

Im Gegensatz zu SORI-CAD sind die Anregungszeiten bei CID extrem kurz und es besteht die Gefahr, dass sich in der kurzen Anregungszeit die Energie nicht sofort auf alle Freiheitsgrade bzw. Koordinaten verteilt und deshalb möglicherweise ein anderes Fragmentierungsverhalten resultiert. Prinzipiell ist aber die Quantifizierung der Fragmentierungsenergien für beide Anregungsmethoden möglich, wobei sich die Auswertung bei resonanter Anregung als deutlich einfacher gestaltet. Hier wurden für die Analyse der Fragmentierungsenergien eine Reihe von Modellen (z.B. die rein empirische Energy Deposition Function) vorgeschlagen.[60] Die genaue Quantifizierung nach nicht-resonanter Anregung ist dagegen sehr aufwändig.[61][62] Für aussagekräftige Ergebnisse zu den Dissoziationsenergien empfiehlt es sich immer Experimente mit beiden Anregungsmethoden durchzuführen, um die Skala der inneren Energie experimentell kalibrieren zu können.[63] Im Falle sehr großer Moleküle kann es vorkommen, dass mehr Energie zugeführt werden muss als für den Bindungsbruch eigentlich notwendig ist. Diesen Effekt bezeichnet man als „kinetischen Shift". In einem solchen Fall muss dann die Fragmentierungsenergie nochmals mit einem Faktor korrigiert werden.[60]

3.6. Reaktionen in der Gasphase

Es besteht ein großer Unterschied zwischen Reaktionen in der Gasphase bei niedrigen Drücken und Gasphasenreaktionen bei Normaldruck bzw. Reaktionen in Lösung. In Abwesenheit eines Badgases gibt es keine Möglichkeit zu Stößen oder Wechselwirkungen mit anderen Teilchen. Bei niedrigem Druck ist während des Reaktionsprozesses ein stabilisierender Effekt auf Übergangszustände durch Stöße mit anderen Teilchen oder durch koordinierende Lösemittelmoleküle ausgeschlossen und es kommt bei einer exothermen Reaktion, ähnlich wie bei den stoßinduzierten Dissoziationsreaktionen, zur sofortigen Weiterreaktionen zu den Endprodukten. Im Falle von Ionen-Molekülreaktionen bieteten sich massenspektrometrische Untersuchungen an, da die geladenen Teilchen eine observable Größe darstellen. Lässt man beispielsweise eine ionische Verbindung A^- mit einer neutralen, gasförmigen Verbindung B, deren Menge über den Druck regelbar ist, reagieren, so ist die Konzentration der Ionen verglichen mit der von B deutlich geringer und die Konzentrationsänderung von B ist während der gesamten Reaktion nicht feststellbar. Für die Reaktion:

$$A^- + B \rightarrow [AB^-]^* \rightarrow C^- + D \tag{3.6-1}$$

Findet man daher eine Reaktion pseudo-erster Ordnung für die folgendes Geschwindigkeits-Zeit-Gesetz gilt:

$$\frac{d[A^-]}{dt} = -nk[A^-] \tag{3.6-2}$$

Dabei ist n die Anzahldichte der Verbindung B, welche proportional zum Partialdruck von B ist, k ist die bimolekulare Geschwindigkeitskonstante und t ist die Reaktionszeit. Die Integration liefert

$$[A^-]_t = [A^-]_0 e^{-nkt} \tag{3.6-3}$$

Betrachtet man das ionische Produkt C⁻ erhält man:

$$[C^-]_t = [C^-]_\infty (1 - e^{-nkt})$$

(3.6-4)

Durch logarithmische Auftragung des Konzentrationsverlaufes von A⁻ bzw. C⁻ kann die Geschwindigkeitskonstante k ermittelt werden. Bereits 1905 wurden Ionen-Molekülreaktionen von P. Langevin beschrieben.[64][65] Dabei betrachtet man das reagierende Ion in einem einfachen Modell als Punktladung, welche mit einem neutralen Teilchen, dessen Masse ebenfalls kugelsymmetrisch verteilt ist und eine isotrope Polarisierbarkeit aufweist, zusammentrifft. Weiterhin wird davon ausgegangen, dass jeder Stoß, dessen Relativenergie das Zentrifugalpotential übersteigt, tatsächlich eine Reaktion nach sich zieht. Unter diesen Voraussetzungen lässt sich die Langevin-Geschwindigkeitskonstante k_L ermitteln. Diese kann als Richtwert für experimentell bestimmte Geschwindigkeitskonstanten k herangezogen werden und beträgt für die gegebene Reaktion A$^{\pm q}$ + B → Produkte:

$$k_L = \sqrt{\frac{4\pi^2 q_A^2 e^2 \alpha}{\mu_{AB}}}$$

(3.6-5)

Hierbei ist q_A die Ladung des Ions, e die Elementarladung, α die isotrope Polarisierbarkeit des Neutralteilchens, und μ_{AB} die reduzierte Masse der Teilchen A und B. Die Langevin Reaktionsgeschwindigkeitskonstante k_L ist unabhängig von der kinetischen Energie der Reaktanden und somit auch unabhängig von der Reaktionstemperatur. Ist die Anzahl an Parametern und Reaktionspartnern unüberschaubar groß, können Ionen-Molekülreaktionen theoretisch modelliert werden. Zerfallsprozesse von Molekülen können beispielsweise durch das nach ihren Autoren (Rice, Ramsperger, Kassel und Marcus) benannte RRKM-Modell oder durch die Phasenraumtheorie (PST) anhand der Abschätzung der

Lebensdauern der angeregten Komplexe beschrieben werden.[65,66,67,68] Voraussagen solcher Modelle können durch massenspektrometrische Untersuchungen untermauert werden. Ebenso ist es umgekehrt hilfreich, experimentell gefolgerte Reaktionskanäle mit Hilfe der theoretischen Abschätzungen auf ihre Plausibilität zu überprüfen. Die Kombination von experimentellen und theoretischen Befunden ist in der Praxis daher unbedingt erforderlich.

In den folgenden Kapiteln werden massenspektrometische Untersuchungen vorgestellt, um einen qualitativ Überblick über die bei verschiedenen Umsetzungen gebildeten Germaniumspezies zu erhalten. Zum anderen werden Dissoziationsexperimente vorgestelltum Einblicke in das Fragmentierungsverhalten verschiedener Ligandsysteme zu bekommen. Des Weiteren wurden Gasphasenreaktionen mit der anionischen Clusterverbindung $Ge_9(Si(SiMe_3)_3$ 1 durchgeführt um einen Einblick in den Mechanismus der reduktiven oder oxidativen Zersetzung von 1 zu gewinnen.

II. Nachweis verschiedener Germaniumspezies in der Gasphase

1. Einleitung

Wie bereits erwähnt, ist es mit Hilfe der präparativen Kokondensationstechnik (Teil A, Kapitel 3.2.c) möglich isolierbare Lösungen der Monohalogenide von Germanium und Zinn darzustellen. Diese Lösungen können über mehrere Monate bei -78°C unzersetzt gelagert und bei Bedarf eingesetzt werden. Zum anderen gibt es die Möglichkeit, die Monohalogenide in der Kokondensationsapparatur (Abbildung 13) direkt umzusetzen. Bei diesen sogenannten „Glockenumsetzungen" wird ein Lösemittelgemisch Toluol/N^{n}Pr$_3$ verwendet. Die Monohalogenidlösung liegt nach Erwärmen auf -78°C in Form eines schwarzen Öls vor, welches nicht aus der Apparatur entfernt werden kann und daher nur in der Edelstahlglocke weiter umgesetzt werden kann. Die Zugabe der Liganden erfolgt dabei über einen Einlass an der Oberseite der Apparatur. Hierzu wird der Ligand in Toluol gelöst und auf -78°C vorgekühlt um bei der Zugabe unerwünschte Nebenreaktionen zu vermeiden. Die Glockenumsetzungen stellten zunächst die einzige Möglichkeit dar, ausgehend von durch Kokondensation erhaltene Germaniummonohalogenide, metalloide Germaniumcluster darzustellen. Zu den ersten auf diese Art synthetisierten metalloiden Germaniumclustern zählen z.B. die Verbindung Ge$_8$(N(SiMe$_3$)$_2$)$_6$ **6a**[34] und der anionische Cluster Ge$_9$(Si(SiMe$_3$)$_3$)$_3^-$ **1**. Diese ersten Ergebnisse zeigten somit, dass sterisch anspruchsvolle Liganden geeignet sind, metalloide Cluster des Germaniums ausgehend von Germaniummonohalogeniden darzustellen und es stellte sich die Frage, ob andere Ligandsysteme ebenfalls verwendet werden können. Daher wurde im Rahmen dieser Arbeit versucht, die asymmetrische Verbindung Li[(SiMe$_3$)N(2,6-^{i}Pr$_2$C$_6$H$_3$)] in Glockenumsetzungen einzusetzen. Dieser Ligand hatte sich bereits bei der Darstellung metalloider

Aluminiumcluster wie z.B. $Si@Al_{14}[(SiMe_3)N(2,6\text{-}^iPr_2C_6H_3)]_6$ und $Si@Al_{56}[(SiMe_3)N(2,6\text{-}^iPr_2C_6H_3)]_{12}$ bewährt.[69] Auch in der Chemie der 14. Gruppe konnte dieser Ligand erfolgreich verwendet werden. So gelang es *Power et al.* mit der Clusterverbindung $Sn_{15}R_6$ (R = NArSiMe_3; Ar = 2,6-iPr_2C_6H_3) den ersten Vertreter einer Clusterverbindung der XIV. Gruppe darzustellen, in der der Clusterkern aus mehreren Schalen aufgebaut ist.[70] Die Ergebnisse der Versuche, diesen Liganden in Glockenumsetzungen einzusetzen, werden im Folgenden diskutiert.

2. Glockenumsetzungen mit $Li[(SiMe_3)N(2,6\text{-}^iPr_2C_6H_3)]$

Um eine Glockenumsetzung durchführen zu können, muss der eingesetzte Ligand bei tiefen Temperaturen (-78°C) in Toluol löslich sein. Diese Voraussetzung erfüllt die Lithiumverbindung $Li[(SiMe_3)N(2,6\text{-}^iPr_2C_6H_3)]$ nur teilweise: so sie sie zwar bei Raumtemperatur gut in Toluol löslich, kristallisiert allerdings bei tiefen Temperaturen schnell aus. Um diese Hürde zu überwinden wurde das übliche Vorgehen abgewandelt. Anstatt die auf -78°C gekühlte Ligandlösung zu dem Germaniummonohalogenid, welches sich in der ebenfalls auf -78°C gekühlten Edelstahlglocke befindet, hinzuzufügen, wurde die Ligandlösung ungekühlt zu dem Germaniummonohalogenid zugegeben, welches im Gegenzug mit flüssigem Stickstoff auf -196°C gekühlt wurde. Auf diese Weise sollten unerwünschte Nebenreaktionen vermieden werden. Die Reaktionslösung wurde dann langsam auf Raumtemperatur erwärmt und über eine Edelstahlkanüle in ein geeignetes Schlenkgefäß überführt. Trotz der vielversprechenden schwarzen Farbe der Lösung blieb eine nicht unerhebliche Menge nicht umgesetzten Germaniummonobromids in Form eines schwarzen Öls in der Apparatur zurück. Nach Aufarbeiten der Reaktionslösung konnte eine ebenfalls große Menge des Eduktes $Li[(SiMe_3)N(2,6\text{-}^iPr_2C_6H_3)]$ in kristalliner Form isoliert werden. Dabei liegen in der Kristallstruktur zwei Ligandmoleküle über zwei Lithiumionen verbrückt vor (Abbildung 16). Wie quantenchemische Rechnungen zeigen ist diese Verbrückung zweier Ligandmoleküle in der Gasphase energetisch um ca. 190 kJ·mol^{-1} günstiger als ein einzelnes Ionenpaar, was den Schluss nahelegt dass die Lithiumverbindung Li[(SiMe$_3$)N(2,6-^{i}Pr$_2$C$_6$H$_3$)] auch in Toluol gelöst in dieser Anordnung vorliegt. Mit dieser Anordnung geht auch eine erhebliche sterische Abschirmung einher, was eine Erklärung für die geringe Reaktivität und den schlechten Umsatz ist. Nach Aufarbeitung der Reaktionslösung konnte ein orangefarbener Pentanextrakt erhalten werden, in dem durch massenspektrometrische Untersuchungen die Verbindung Ge$_4$R$_4$(NSiMe$_3$)$_3^-$ **8** (R = [(SiMe$_3$)N(2,6-^{i}Pr$_2$C$_6$H$_3$)]) nachgewiesen werden konnte.

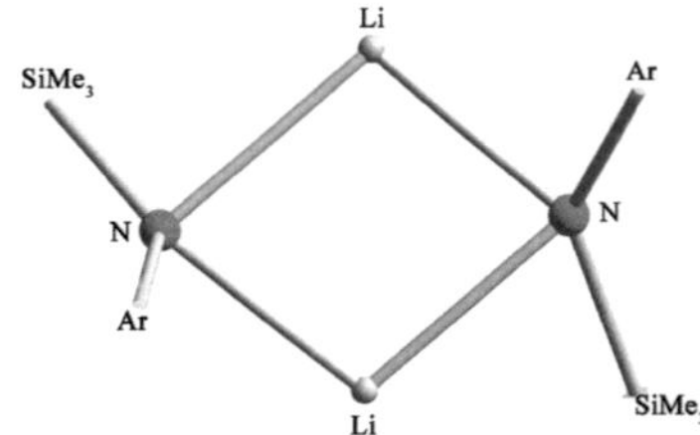

Abbildung 16: Schematisch dargestellte Struktur des Liganddimers {Li[(SiMe$_3$)N(2,6-^{i}Pr$_2$C$_6$H$_3$)]}$_2$.

2.1. Nachgewiesene Verbindungen

a.) Ge$_4$R$_4$(NSiMe$_3$)$_3^-$ (8):

Das ESI-Massenspektrum des Pentanextraktes zeigt ein Signal bei m/z = 1545, welches anhand des in Abbildung 17 dargestellten Isotopenmusters der Verbindung Ge$_4$R$_4$(NSiMe$_3$)$_3^-$ **8** (R = [(SiMe$_3$)N(2,6-^{i}Pr$_2$C$_6$H$_3$)]) zugewiesen werden konnte. Die mittlere Oxidationsstufe der Germaniumatome innerhalb des Clusters beträgt somit +1,5, d.h. **8** ist ein Oxidationsprodukt der Disproportionierungsreaktion.

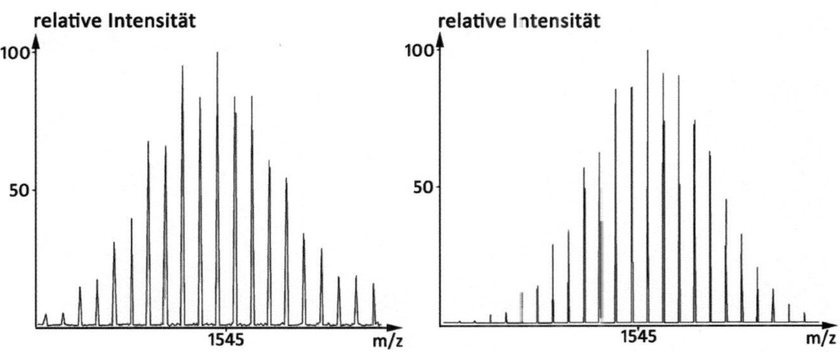

Abbildung 17: Gemessenes (links) und simuliertes (rechts) Isotopenmuster von Ge$_4$R$_4$(NSiMe$_3$)$_3^-$ **8**.

Ein Oxidationsprodukt mit vier Germaniumatomen (Ge$_4$Br$_4$(Mn(CO)$_5$)$_4$) **9a** konnte auch schon bei der Umsetzung einer Germaniummonohalogenidlösung (Lösemittelgemisch = Tetrahydrofuran/Acetonitril/N^{n}Bu$_3$) mit NaMn(CO)$_5$ erhalten werden.[71] In **9a** sind die vier Germaniumatome in der Form eines viergliedrigen Ringes angeordnet. Derartige Vierringe sind aus der Chemie des Germaniums hinreichend bekannt, wobei es sich meist um Neutralverbindungen wie zum Beispiel die Verbindung Ge$_4$Ph$_8$ handelt.[72] Aus diesem Grund wurde für die Berechnung der Struktur von **8** mit Hilfe quantenchemischer Methoden von einer Vierringstruktur ausgegangen. Die quantenchemischen Berechnungen zeigen dabei, dass in der Minimumstruktur von **8** die Stickstoffatome der NSiMe$_3$-Gruppe in die Germanium-Germanium-Bindungen des Vierringes insertieren, wodurch die in Abbildung 18 dargestellte Struktur erhalten wird. Dabei sind Stickstoffatome der fragmentierten Liganden N3, N5 und N7 in die Bindungen Ge2-Ge3, Ge3-Ge4 und Ge4-Ge1 insertiert, wobei N5 an drei Germaniumatome (Ge2, Ge3, Ge4) mit Germanium-Stickstoff-Bindungslängen zwischen 192 und 205 pm bindet. Die Bindungslängen von N7 zu Ge1 und Ge4 bzw. von N3 zu Ge2 und Ge3 liegen zwischen 184 und 198 pm und sind aufgrund der kleinen Koordinationszahl wie zu erwarten deutlich kürzer. Die verbleibende Germanium-Germanium-Bindung (Ge1-Ge2) ist mit einer Länge von 262 pm im Vergleich zu einer normalen Germanium-Germanium-Einfachbindung von 245 pm deutlich verlängert.

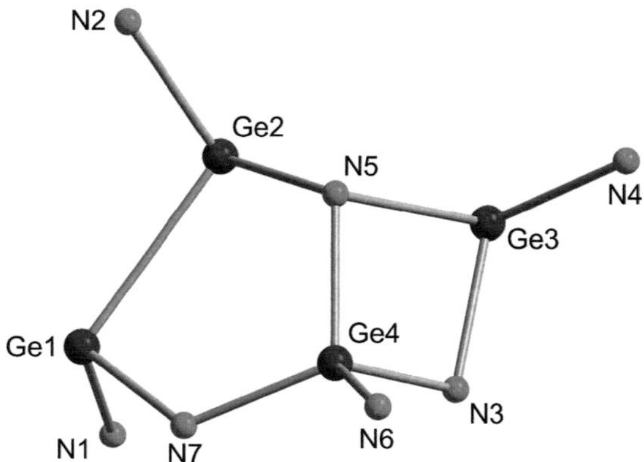

Abbildung 18: Berechnete Struktur von Ge$_4$R$_4$(NSiMe$_3$)$_3$⁻ **8**. Aus Übersichtsgründen sind nur die Germanium und Stickstoffatome gezeigt.

Besonders interessant an **8** ist das Auftreten der drei Ligandfragmente NSiMe$_3$, die aus der bereits bei den Clustern der 13. Gruppe beobachteten

Fragmentierung von [(SiMe$_3$)N(2,6-^{i}Pr$_2$C$_6$H$_3$)] resultieren. Da an einem Ge$_4$-Ring auf Grund des sterischen Anspruchs des Liganden keine sieben unfragmentierten Liganden Platz finden, kann davon ausgegangen werden, dass zuerst eine teilweise Substitution durch drei oder vier Liganden stattfindet, was somit zu den Verbindungen Ge$_4$R$_3$Br$_4^-$ bzw. Ge$_4$R$_4$Br$_3^-$ führt. Vor der weiteren Substitution kann es dann zur Fragmentierung der Liganden kommen, was nach abschließender Substitution der verbleibenden Halogenide zu der Endverbindung führt. Neben **8** konnte keine weitere ionische Germaniumverbindung identifiziert werden. Das Isolieren großer Mengen an nicht umgesetzten Edukten aus der Reaktionslösung deutet darauf hin, dass die interessanten subvalenten Germaniumverbindungen nur teilweise substituiert wurden, was dann zu einer Mischung unterschiedlich substituierter Spezies führte, die unter Umständen auch nicht hinreichend stabilisiert sind.

Um die Problematik der Dimerbildung des Lithiumsalzes des Liganden und der damit verbundenen verminderten Reaktivität zu lösen, wurde versucht das Lithiumkation mit einem Donormolekül zu komplexieren. Inspiriert durch den Si(SiMe$_3$)$_3$-Liganden, bei dem drei Tetrahydrofuranmoleküle in Pentan oder Toluol derart fest an das Lithiumkation gebunden sind, dass sie sich nicht mehr separieren lassen, wurde zu einer Toluollösung von Li[(SiMe$_3$)N(2,6-^{i}Pr$_2$C$_6$H$_3$)] eine stöchiometrische Menge an Tetrahydrofuran (THF:Li 3:1) gegeben. Die Zugabe eines Überschusses des Donorlösemittels Tetrahydrofuran ist dabei zu vermeiden, da sonst die Germaniummonhalogenidlösung durch eine weitere Donorkomponente „vergiftet" wird, wodurch das Halogenid ausfällt und für weitere Reaktion nicht mehr zugänglich ist.

Die Zugabe stöchiometrischer Mengen an Tetrahydrofuran führte wie geplant zu einer Verbesserung der Löslichkeit. So ist die Lithiumverbindung jetzt auch bei -78°C in Toluol löslich. Auf diese Weise kann eine Glockenumsetzung auf bewährte Art und Weise (s.o.) durchgeführt werden, wobei diesmal kaum unverbrauchtes Germaniummonohalogenid in der Apparatur zurückbleibt, was auf einen verbesserten Umsatz hindeutet. Allerdings kristallisierten auch hier nach Aufarbeitung große Mengen der nicht umgesetzten Verbindung {Li[(SiMe$_3$)N(2,6-^{i}Pr$_2$C$_6$H$_3$)]}$_2$ aus. Es konnten jedoch dieses Mal anhand massenspektrometrischer Untersuchungen größere Cluster mit bis zu sechs Germaniumatomen nachgewiesen werden.

b.) Ge$_6$SiR$_5$R$^{*\,2-}$ (R = [(SiMe$_3$)N(2,6-^{i}Pr$_2$C$_6$H$_3$)]; R* = NSiMe$_3$) (10):

Anhand des in Abbildung 19 gezeigten Isotopenmusters konnte die Verbindung {Li[Ge$_6$SiR$_5$R*]}$^-$ **10a** dem Signal bei m/z = 1800 zugeordnet werden, bei der wiederum eine Fragmentierung des Liganden zu beobachten ist, wobei diesmal der Ligand sogar bis zum Siliziumatom abgebaut wird. Dieses Verhalten ist dabei nicht ungewöhnlich. So wurden beispielsweise bei Umsetzungen von AlCl mit Li[(SiMe$_3$)N(2,6-^{i}Pr$_2$C$_6$H$_3$)] metalloide Clusterverbindungen mit einem Siliziumatom im Clusterkern identifiziert.[69]

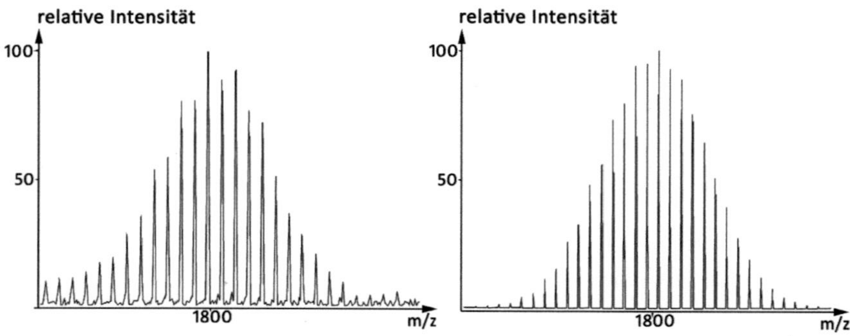

Abbildung 19: Gemessenes (links) und simuliertes (rechts) Isotopenmuster von {Li[Ge$_6$SiR$_5$R*]}$^-$ **10a**.

Die in Abbildung 20 gezeigte Minimumstruktur von **10** wurde mittels quantenchemischer Methoden ausgehend von verschiedenen Anordnungen der Germaniumatome (oktaedrisch, trigonal prismatisch) berechnet.

46

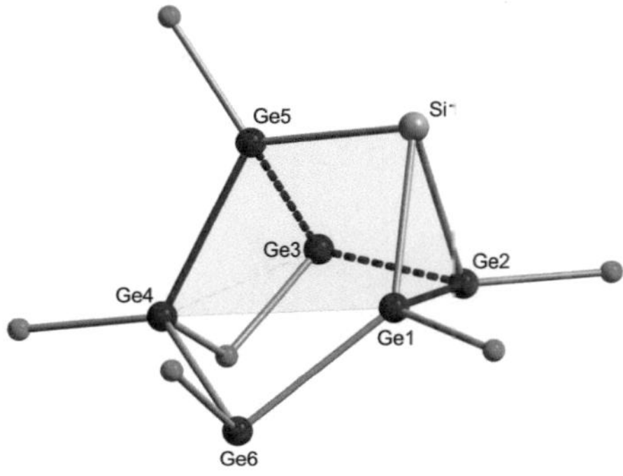

Abbildung 20: Berechnete Minimumstruktur von $Ge_6SiR_5R^{*\,2-}$ **10**. Aus Übesichtsgründen sind nur Germanium-, Stickstoff- sowie das „nackte Siliziumatom gezeigt.

Die polyedrische Anordnung in **10** kann als verzerrtes trigonales Prisma von fünf Germanium- und einem Siliziumatom beschrieben werden, wobei sowohl das sechste Germaniumatom als auch der fragmentierte Ligand kantenverbrückend gebunden sind. Die Germanium-Silizium-Abstände betragen 246 pm (Ge2-Si1) bzw. 250 pm (Ge1-Si1). Die Germanium-Germanium-Abstände betragen Ge1-Ge2: 258 pm, Ge3-Ge4: 250 pm und Ge3-Ge5: 258 pm. Das verbrückende Germaniumatom Ge6 ist mit Bindungslängen von 258 pm an die Germaniumatome Ge1 und Ge4 gebunden, wobei der Abstand Ge1-Ge4 auf eine Länge von 335 pm aufgeweitet wird. Die Insertion des fragmentierten $NSiMe_3$-Liganden weitet zudem den Germanium-Germanium-Abstand Ge3-Ge4 auf eine Länge von 322 pm auf. Eine plausible Ausgangsverbindung für die Bildung von **10** durch Ligandfragmentierung ist die Clusterspezies $Ge_6R_7^-$ (R = $(SiMe_3)N(2,6-^iPr_2C_6H_3)$) **11**. Ein plausibler Bildungsmechanismus ist in Abbildung 21 angegeben. Dabei wird für **11** eine trigonal prismatische Anordnung der Germaniumatome angenommen. In einem ersten Fragmentierungsschritt werden zwei 2,6-Diisopropylphenylgruppen abgespalten und die zwei fragmentierten Liganden insertieren in je eine Germanium-Germanium-Bindung. In einem weiteren Schritt fragmentiert ein Ligand auf bisher ungeklärte Weise bis hin zu einem „nackten" Siliziumatom, welches in den Clusterkern eingebaut wird und zur Struktur von **10** führt.

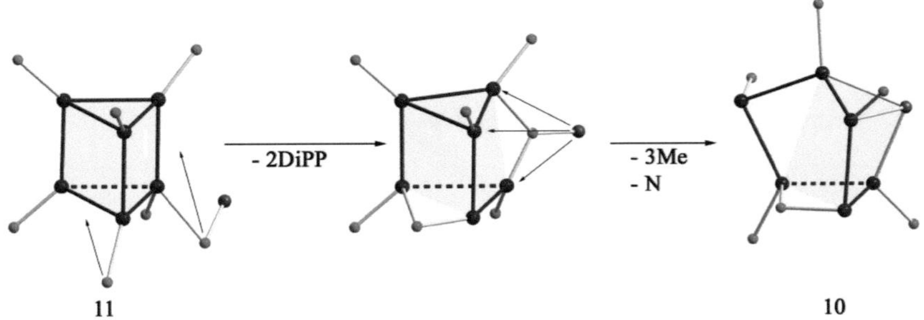

Abbildung 21: Schematischer Reaktionsverlauf zur Bildung von **10** aus **11**. Der Übersichtlichkeit halber sind nur Germanium- und Stickstoffatome, sowie das Siliziumatom, das in den Clusterkern integriert wird, gezeigt.

2.2. Zwischenzusammenfassung

Die Zugabe stöchiometrischer Mengen an Tetrahydrofuran führte zu einer Verbesserung der Löslichkeit der Lithiumverbindung und somit zur Erhöhung der Reaktivität und des Umsatzes. Somit konnte nun auch eine reduzierte Spezies der Disproportionierungsreaktion detektiert werden. Allerdings konnten immer noch große Mengen der Ausgangsverbindung Li[(SiMe$_3$)N(2,6-^{i}Pr$_2$C$_6$H$_3$)] in kristalliner Form erhalten werden, was vermuten lässt, dass noch immer ein Großteil der Halogenliganden nicht substituiert wurde. Grundsätzlich ist der Ligand [(SiMe$_3$)N(2,6-^{i}Pr$_2$C$_6$H$_3$)] zur Darstellung metalloider Germaniumclusterverbindungen geeignet. Allerdings führen Glockenumsetzungen nicht zu zufriedenstellenden Ergebnissen. Dies hängt mit den Einschränkungen dieser Methode zusammen. Vor allem die Voraussetzung, dass die Ligandverbindungen gut in Toluol löslich sein müssen, schließt viele Ligandsysteme für diese Methode aus (z.B.: Li(C(SiMe$_3$)$_3$)). Auch Terphenylliganden wie LiC$_6$H$_3$-2,6-Dipp$_2$ (Dipp = C$_6$H$_3$-2,6-iPr$_2$), die von

Power et al. erfolgreich zur Darstellung metalloider Clusterverbindungen wie z.B. Ge_6Ar_2 (Ar = C_6H_3-2,6-Dipp$_2$; Dipp = C_6H_3-2,6-iPr$_2$) eingesetzt wurden scheiden durch ihre schlechte Löslichkeit in Toluol aus. Erschwerend kommt im Falle der Terphenylliganden hinzu, dass die Lithiumsalze dieser Liganden bei Raumtemperatur in der Lage sind, Toluol zu deprotonieren. Die entsprechenden Natrium- und Kaliumverbindungen sind sogar in der Lage, bei höheren Temperaturen Hexan zu deprotonieren.[30] Auch die Verbindung $Li[(SiMe_3)N(2,6\text{-}^iPr_2C_6H_3)]$, welche sich bereits sowohl zur Darstellung von Gruppe 13 als auch Gruppe-14-Clusterverbindungen bewährt hat, ist durch die schlechte Löslichkeit in Toluol für Glockenumsetzungen eher ungeeignet. Da es jedoch zum Verständnis der Einflüsse verschiedener Liganden auf die Struktur von metalloiden Cluster nötig ist, möglichst viele verschiedene Ligansysteme einzusetzen, war die Weiterentwicklung der Kokondensationstechnik zu Monohalogenidlösungen, die auch aus der Apparatur entfernt werden und mit schlechter löslichen Ligandsystemen umgesetzt werden können, unabdingbar. Die erste erfolgreiche Darstellung einer solchen isolierbaren Lösung gelang mit dem Einsatz des ternären Lösemittelgemisches Tetrahydrofuran, Acetonitiril und Tri^{n}Butylamin im Verhältnis 2:2:1.[73]

3. Isolierbare Ge^{I}Br-Lösungen

3.1. Das ternäre Lösemittelgemisch THF/CH$_3$CN/^{n}Bu$_3$N

Mit der Weiterentwicklung hin zu einer Germaniummonohalogenidlösung, die sich aus der Kokondensationsapparatur bei tiefen Temperaturen entfernen lässt, waren nun nicht nur Ligandsysteme zugänglich, die schlecht oder gar nicht in Toluol löslich sind. Es war des Weiteren möglich Lösungen darzustellen, die über mehrere Monate bei -78°C gelagert und nach Bedarf eingesetzt werden konnten. Außerdem ist nun die direkte Beobachtung des Reaktionsverlaufs möglich. Allerdings unterliegt auch die GeBr-Lösung mit dem tenären Lösemittelgemisch THF/CH$_3$CN/^{n}Bu$_3$N Einschränkungen. So scheiden Lithiumorganyle vollkommen aus, da diese mit Acetonitril reagieren. Daher war das Ausweichen auf andere Ligandsysteme notwendig. Hierbei boten sich Übergangsmetallcarbonylreagenzien wie z.B. NaMn(CO)$_5$ oder Kollmanns Reagenz Na$_2$Fe(CO)$_4$ an. So führte die Reaktion mit der Manganverbindung NaMn(CO)$_5$ zu Ge$_4$(Mn(CO)$_5$)$_4$Br$_4$ **9a**, in der die mittlere Oxidationsstufe der Germaniumatome zwei beträgt und welche daher den oxidierten Spezies der Dispropotionierungsreaktion zuzuordnen ist, wie auch die Clusterverbindung Ge$_6$(Mn(CO)$_5$)$_6$Br$_2$ **9b**.[71] Aus der Umsetzung mit Kollmanns Reagenz konnte die metalloide Clusterverbindung (THF)$_{12}$Na$_6$Ge$_{10}$(Fe(CO)$_4$)$_8$ **7** isoliert werden.[36] Motiviert durch diese Ergebnisse wurde das Feld um Liganden erweitert, bei denen neben Carbonylgruppen auch Cyclopentadienylgruppen an das Übergangsmetallatom gebunden sind. Die Ergebnisse der Umsetzungen mit KFeCpCO$_2$ werden im Folgenden diskutiert.

3.1.1. Umsetzungen mit KFeCp(CO)$_2$

Im Gegensatz zu den Glockenumsetzungen, bei denen der gelöste Ligand zu der Germaniumbromidlösung gegeben wird, können bei Umsetzungen mit einer isolierbaren Lösung definierte Mengen der Monohalogenidlösung zu dem festen, auf -78°C vorgekühlten Liganden gegeben werden. Anschließend wird mit Hilfe eines Kühlbades (Isopropanol+Trockeneis) auf -45°C erwärmt, da die Lösung bei -78°C fest ist. Die Reaktionslösung wird dann langsam weiter auf Raumtemperatur erwärmt. Nach Aufarbeiten konnten aus dem Pentan- und Toluolextrakt große Mengen der Verbindung [FeCp(CO)$_2$]$_2$ isoliert werden. Die Bildung dieser Verbindung deutet auf den Ablauf einer reduktiven Eliminierungsreaktion hin. Diese Vermutung konnte mit Hilfe von SORI-CAD-Experimenten, wie im späteren Abschnitt II beschrieben, untermauert werden. Die Verbindung Ge$_{12}$R$_8$R$^*_2$ (R = FeCp(CO)$_2$; R*= FeCpCO) **12** ist die einzige Germaniumclusterverbindung, die bisher mit dem Liganden FeCp(CO)$_2$ in kristalliner Form erhalten werden konnte. Durch massenspektrometrische Untersuchungen konnten des Weiteren die während der Reaktion entstandenen Verbindungen Ge$_3$R$_3$R$_2^{*-}$ **13**, Ge$_6$R$_6$R^{*-} **14**, Ge$_6$R$_4$R^{*-} **15** und Ge$_6$R$_3$R$_2^{*-}$ **16** (R = FeCp(CO)$_2$; R*= FeCpCO) nachgewiesen werden.

a.) Ge$_{12}$R$_8$R$^*_2$ (R = FeCp(CO)$_2$; R*= FeCpCO) (12):

Die einzige metalloide Germaniumclusterverbindung mit FeCP(CO)$_2$, die in kristalliner Form isoliert werden konnte, ist die neutrale Verbindung **12**, bei der verbrückende Liganden R*= FeCpC=, bei denen ein CO-Molekül vom Übergangsmetall abgespalten wurde, zu finden sind. Die Molekülstruktur ist in Abbildung 22 gezeigt.

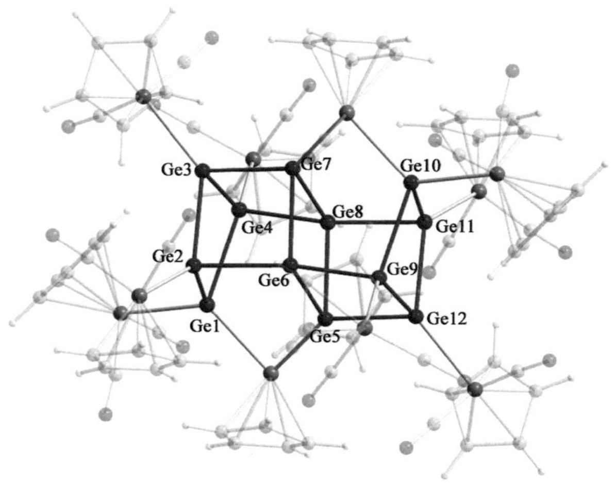

Abbildung 22: Molekülstruktur von **12**. Die Liganden sind Transparent dargestellt.

Die Anordnung der Germaniumatome kann am besten als die Struktur zweier flächenverknüpfter Ge_8-Würfel beschrieben werden. Dabei ist die Germanium-Germanium-Bindung zwischen Ge1 und Ge5 sowie die Bindung zwischen Ge7 und Ge10 mit einem Liganden R^* verbrückt. Da der metalloide Cluster $Ge_{12}R_8R^*_2$ ($R = FeCp(CO)_2$; $R^* = FeCpCO$) **12** ungeladen ist, ist es nicht möglich ihn über ESI-Massenspektrometrie zu detektieren. Motiviert durch dieses Ergebnis wurden weitere Umsetzungen durchgeführt und die Tetrahydrofuranextrakte mit Hilfe von massenspektrometrische Methoden untersucht. Dabei konnten mehrere ionische Clusterspezies gefunden werden.

b.) $Ge_3R_3R_2^{*-}$ ($R = FeCp(CO)_2$; $R^* = FeCpCO$) (13):

Anhand des in Abbildung 23 dargestellten Isotopenmusters konnte dem Signal bei m/z = 1046 die Verbindung $Ge_3R_3R_2^{*-}$ ($R = FeCp(CO)_2$; $R^* = FeCpCO$) **13** zugeordnet werden.

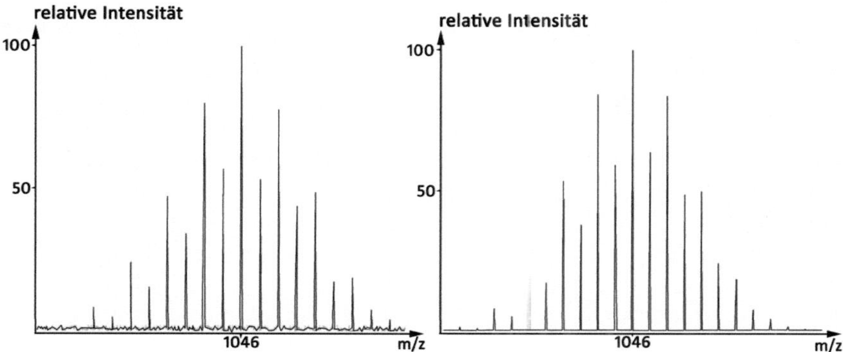

Abbildung 23: Gemessenes Isotopenmuster (links) und simuliertes Isotopenmuster (rechts) von Ge$_3$R$_3$R$_2$$^{*-}$ (R = FeCp(CO)$_2$; R*= FeCpCO) **13**.

Das Entstehen von R* unter Abgabe einer Carbonylgruppe scheint bei diesem Liganden häufig aufzutreten, so werden auch in **12** zwei verbrückende FeCp(CO)-Liganden gefunden. Mit einer durchschnittlichen Oxidationsstufe von 1,3 zählt **13** zu den oxidierten Spezies der Disproportionierungsreaktion. Mit Hilfe quantenchemischer Rechnungen konnte die in Abbildung 24 gezeigte Ringstruktur erhalten werden.

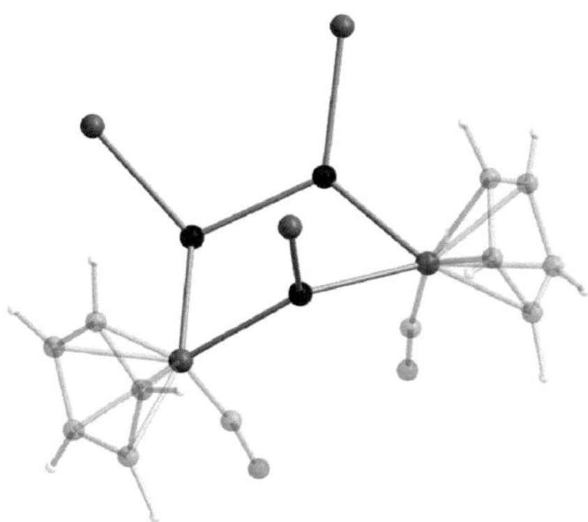

Abbildung 24: Berechnete Struktur von Ge$_3$R$_3$R$_2$$^{*-}$ **13**. Von den terminal gebundenen FeCp(CO)$_2$-Liganden sind nur die Eisenatome abgebildet.

In **13** sind die beiden fragmentierten Liganden R* in je eine Germanium-Germanium-Bindung eines ursprünglichen Ge$_3$-Dreirings insertiert und führen so zu einem Ge$_3$Fe$_2$-Fünfring. Während Germaniumdreiringe schon seit längerem bekannt sind, wie z.B. in Ge$_3$^{t}Bu$_6$,[74] stellt die hier vorgestellte Ringverbindung Ge$_3$R$_3$R$_2$$^{*-}$ (R = FeCp(CO)$_2$; R*= FeCpCO) **13** den ersten fünfgliedrigen Germanium-Eisen-Heterocyclus dar.

c.) Ge$_6$R$_6$R^{*-} (R = FeCp(CO)$_2$; R*= FeCpCO) (14):

In Abbildung 25 ist das Isotopenmuster des Signals bei m/z = 1648 zu sehen. Diesem Signal konnte die Verbindung Ge$_6$R$_6$R^{*-} (R = FeCp(CO)$_2$; R*= FeCpCO) **14** zugeordnet werden, wobei wiederum ein fragmentierter Ligand R* vorhanden ist.

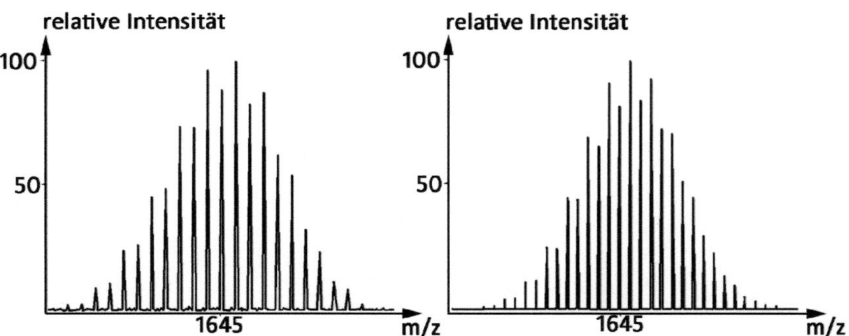

Abbildung 25: Gemessenes Isotopenmuster (links) und simuliertes Isotopenmuster (rechts) von Ge$_6$R$_6$R^{*-} **14**.

Zur Berechnung der Struktur wurde hierbei von einer trigonal prismatischen und einer oktaedrischen Struktur ausgegangen, wobei beide Ansätze zu Minimumstrukturen führten, die in Abbildung 26 dargestellt sind. Im Falle der Prismastruktur (links) ist der fragmentierte Ligand R* verbrückend zwischen zwei Germaniumatomen gebunden, und sitzt somit auf der Kante einer der Dreiecksflächen. Die nicht fragmentierten Liganden sind an die Ecken des trigonalen Prismas gebunden. Auch im Falle der oktaedrischen Anordnung sind die sechs nicht fragmentierten Liganden an die Polyederecken gebunden und der fragmentierte Ligand ist wiederum an zwei Germaniumatome gebunden. Die Rechnungen zeigen weiterhin, dass die prismatische Anordnung im Vergleich zur oktaedrischen um 84 kJ/mol günstiger ist. Es ist also anzunehmen, dass es sich dabei um die in Lösung bzw. der Gasphase vorliegende Molekülstruktur handelt.

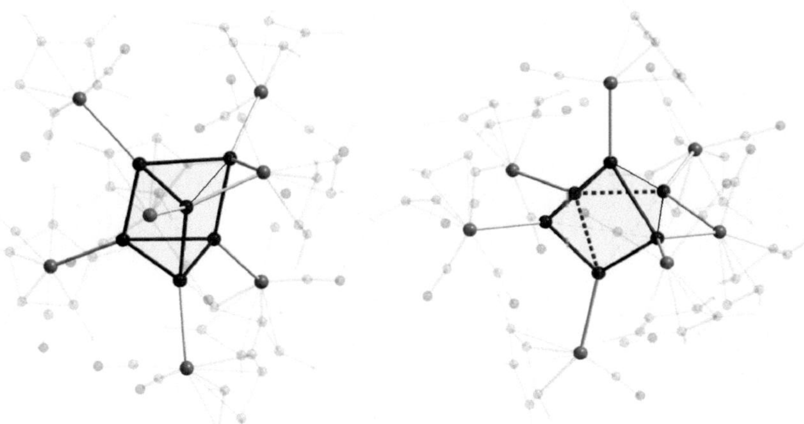

Abbildung 26: Berechnete Molekülstrukturen von $Ge_6R_6R^{*-}$ **14** ausgehend von einer trigonal-prismatischnen Anordnung (links) und einer oktaedrischen Anordnung (rechts). Aus Übersichtsgründen wurden die Wasserstoff-, die Kohlenstoff- und Sauerstoffatome transparent dargestellt. Die zentrale Anordnung der Germaniumatome ist dabei durch eine Polyederdarstellung hervorgehoben.

d.) $Ge_6R_3R_2^{*-}$ $(R = FeCp(CO)_2; R^* = FeCpCO)$ (15):

Eine weitere Verbindung mit sechs Germaniumatomen, die mit Hilfe von ESI-Massenspektren nachgewiesen werden konnte, ist die Verbindung $Ge_6R_3R_2^{*-}$ (R = $FeCp(CO)_2$; $R^* = FeCpCO$) **15**, bei der wiederum zwei fragmentierte Liganden R^* vorhanden sind. Das Isotopenmuster des Signals bei m/z = 1264 ist in Abbildung 27 gezeigt.

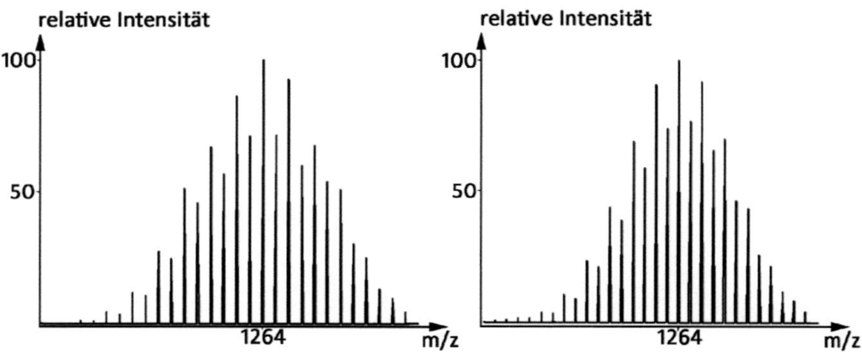

Abbildung 27: Gemessenes Isotopenmuster (links) und simuliertes Isotopenmuster (rechts) von $Ge_6R_3R_2^{*-}$ **15**.

Auch hier wurden ausgehend von einer oktaedrischen und einer trigonal-prismatischen Anordnung der sechs Germaniumatomen quantenchemische Rechnungen durchgeführt. Eine Auswahl der Ergebnisse ist im Folgenden aufgeführt. Dabei führte die Rechnung ausgehend von einer oktaedrischen Struktur, bei der die fragmentierten Liganden R^* (mit $R^* = FeCpCO$) zwei gegenüberliegende Kanten einer Ge_4-Ebene überbrücken, zu der in Abbildung 28 gezeigten prismatischen Struktur (a).

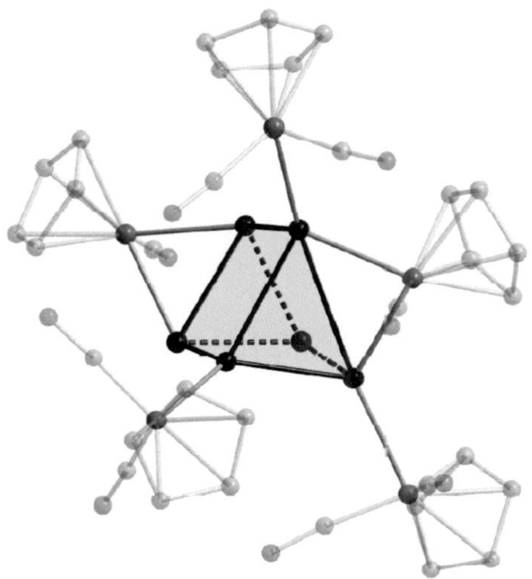

Abbildung 28: berechnete Struktur (a) von **15** (ohne Wasserstoffatome). Kohlenstoff- und Sauerstoffatome sind transparent dargestellt. Die trigonal-prismatische Anordnung der sechs Germaniumatome ist durch Polyederdarstellung hervorgehoben.

Dabei verbrückt je ein Ligand R* eine Kante der zwei Ge$_3$-Dreiecksflächen, wobei die Liganden R* in einem Winkel von 120° zueinander stehen. In diesem Fall sind alle drei verbleibenden, nicht fragmentierten Liganden an die Germaniumatome derselben Dreiecksfläche gebunden. An der anderen Dreiecksfläche sind zwei Germaniumatome an den verbrückenden Liganden R* gebunden. Das verbleibende dritte Germaniumatom ist „nackt". Geht man demgegenüber von einer oktaedrischen Struktur aus, bei der die verbrückenden Liganden an zwei benachbarte Kanten einer Ge$_4$-Ebene gebunden sind, so erhält man die in Abbildung 29 dargestellte Struktur (b). Hierbei ist die oktaedrische Anordnung stark verzerrt und ein verbrückender Ligand R* wurde in den Clusterkern eingebaut. Damit lässt sich der Ge$_6$Fe-Clusterkern am besten als eine zweifach flächenüberkappte trigonale Bipyramide beschreiben (Abbildung 29 rechts).

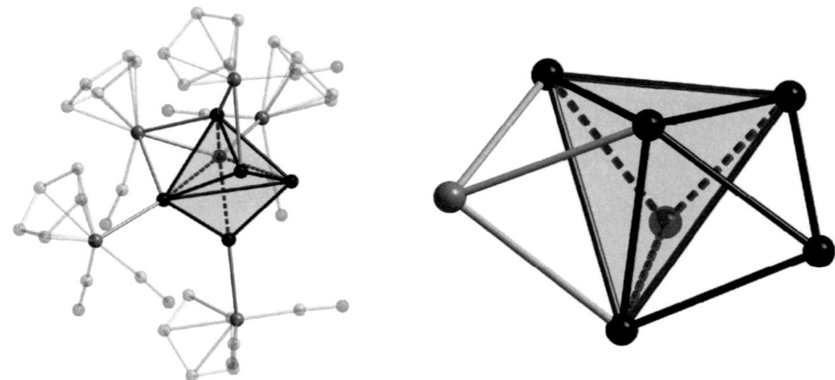

Abbildung 29: Links: Struktur (b) von **15**. Aus Übersichtsgründen wurden die Wasserstoffatome ausgeblendet. Kohlenstoff- und Sauerstoffatome sind transparent dargestellt. Rechts: Struktur des Ge₆Fe-Clusterkerns. Die trigonal-bipyramidale Anordnung von fünf Germaniumatomeen ist durch Polyederdarstellung hervorgehoben. Zur besseren Oreintierung ist die Ge₃-Einheinheit schwarz hervorhehoben.

Geht man hingegen von einer trigonal prismatischen Struktur aus, bei der je ein fragmentierter Ligand R* eine Kante der beiden Ge₃-Dreiecksflächen verbrückt so wird die in Abbildung 30 zu sehende verzerrte Struktur (c) in Form eines trigonalen Prismas als Minimumstruktur erhalten.

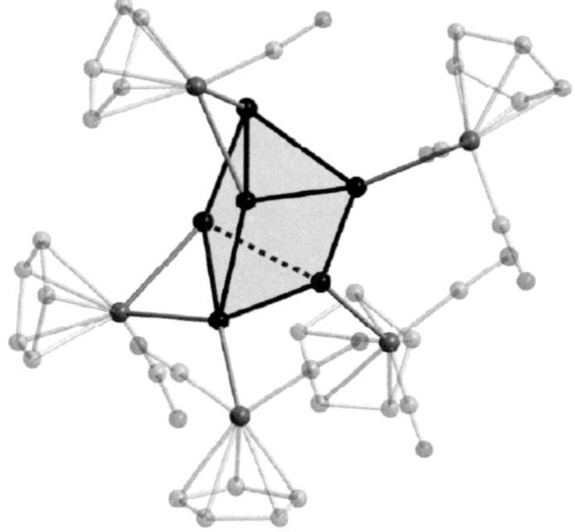

Abbildung 30: Berechnete Molekülstruktur (c) von **15** (ohne Wasserstoffatome). Kohlenstoff- und Sauerstoffatome sind transparent dargestellt. Die trigonal-prismatische Anordnung der sechs Germaniumatome ist durch Polyederdarstellung hervorgehoben.

58

In der energetischen Abschätzung zeigt sich, dass die Struktur (c) nur um 3 kJ/mol günstiger ist als Struktur (a). Im Vergleich zu Struktur (b) ist der Unterschied mit 40 kJ/mol zu Gunsten von (c) schon bedeutend größer. Es kann also davon ausgegangen werden, dass auch diese Verbindung in Form einer trigonal prismatischen Anordnung der Germaniumatome vorliegt, wobei die Verteilung der Liganden auf die Germaniumatome auf diese Weise nicht vollständig geklärt werden kann, da mögliche Strukturisomere, wie gezeigt energetisch sehr nahe beieinander liegen.

3.1.2. Zwischenzusammenfassung

Wie bereits die ersten Versuche mit den Übergangsmetallverbindungen $NaMn(CO)_5$ und $NaFe(CO)_4$ gezeigt haben, eignet sich die isolierbare Germaniumbromidlösung mit dem ternären Lösemittelgemisch $(THF/CH_3CN/^nBu_3N)$ zur Darstellung metalloider Cluster. Auch Liganden der Form $MCp(CO)_n$ lassen sich hierbei erfolgreich einsetzen, wie am Beispiel der Ligandverbindung $KFeCp(CO)_2$ gezeigt werden konnten. Hierbei gelang es eine Vielzahl an Germaniumclusterverbindungen darzustellen und mit Hilfe massenspektrometrischer Methoden nachzuweisen. Durch das Verwenden von Acetonitril als Lösemittelkomponente muss allerdings auf den Einsatz von Lithiumorganylen wie $LiN(SiMe_3)_2$ verzichtet werden. Um dieser Einschränkung nicht weiter zu unterliegen, war die Suche nach einer Alternative für Acetonitril als Lösemittelkomponente nötig, wobei diese zum einen eine vergleichbare Dielektrizitätskonstante und damit ein vergleichbares Lösungsvermögen aufweisen sollte und zum anderen eine geringere oder gar keine Reaktivität gegenüber Lithiumorganylen besitzen sollte. Im Bestreben einen solchen Ersatz zu finden, gelang es, eine Germaniumhalogenidlösung mit dem Lösemittelgemisch aus 1,2-Difluorbenzol und $^nBu_3N$ herzustellen.

3.2. Das binäre Lösemittelgemisch 1,2-Difluorbenzol/^{n}Bu$_3$N

Wie auch beim ternären Lösemittelgemisch THF/CH$_3$CN/^{n}Bu$_3$N, lässt sich die Lösung mit 1,2-Difluorbenzol als Lösemittel und N^{n}Bu$_3$ als Donorkomponente aus der Kokondensationsapparatur isolieren und über Monate bei tiefen Temperaturen unzersetzt lagern. Bei Umsetzungen mit KFeCp(CO)$_2$ konnten die selben Verbindungen (**14** und **15**) wie auch bei den Umsetzungen mit dem ternären Acetonitrilgemisch (s.o.) massenspektrometrisch nachgewiesen werden. Nun galt es zu klären inwieweit sich dieses Lösungsmittgemisch für Umsetzungen mit Lithiumorganylen eignet. So wurden Umsetzungen mit der Verbindung Li[(SiMe$_3$)N(2,6-^{i}Pr$_2$C$_6$H$_3$)] durchgeführt um einen Vergleich zu den Glockenumsetzungen ziehen zu können. Des Weiteren wurden Reaktionen mit LiOSiMe$_3$ durchgeführt um das Verhalten sauerstoffhaltiger Ligandsysteme bei Reaktionen mit Germaniummonohalogenidlösungen zu untersuchen.

3.2.1. Umsetzungen mit LiOSiMe$_3$

Bislang gibt es keine Berichte, dass es erfolgreich gelungen sei, mit Hilfe des OSiMe$_3$-Liganden metalloide Clusterverbindungen zu stabilisieren. Was diesen Liganden auszeichnet, ist seine vergleichsweise geringe Oxidations- und Hydrolyseempfindlichkeit. Somit ist zu vermuten, dass unerwünschte Nebenreaktionen mit dem Lösemittel ausbleiben. Die Reaktion von LiOSiMe$_3$ mit der GeBr-Lösung (Lösemittelgemisch: 1,2-Difluorbenzol/NnBu$_3$) führt nach Aufarbeitung zu einem Produkt in Form orangefarbener Kristalle. Die Strukturaufklärung über Kristallstrukturanalyse gelang nicht, da trotz ausreichender Kristallgröße zu wenig intensive Reflexe beobachtet wurden. So gelang es in der Kristallstruktur lediglich sieben Schweratome, vermutlich Germanium, in der Anordnung eines dreifach flächenüberkappten Tetraeders zu lokalisieren, d.h. die rudimentäre Kristallstrukturanalyse deutet auf eine Verbindung mit sieben Germaniumatomen hin. Diese Vermutung wird durch massenspektrometrische Untersuchungen der Kristalle untermauert; das Massenspektrum der Reaktionslösung ist in Abbildung 31 gezeigt.

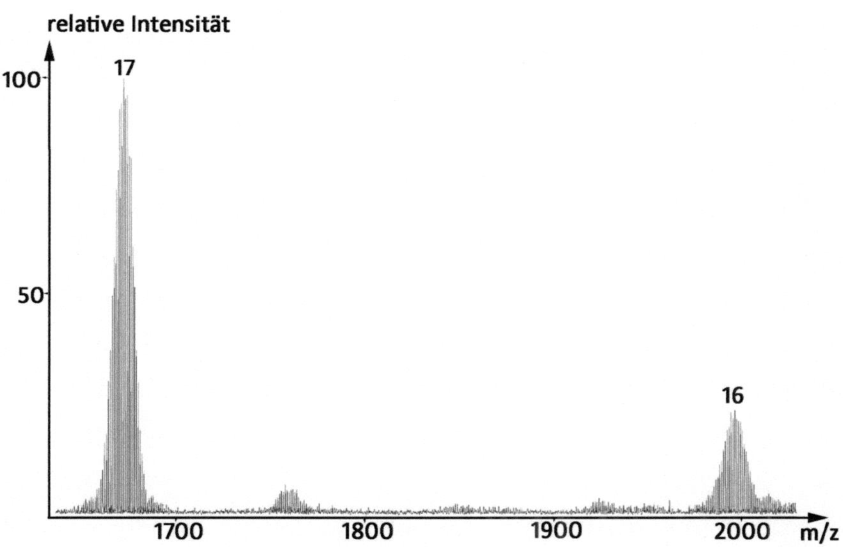

Abbildung 31: Ausschnitt aus dem Massenspektrum der Reaktionslösung. Gut zu sehen die Signale von **16** und **17**.

Im Massenspektrum können anhand der Isotopenmuster die drei Verbindungen $[Ge_7O_2(OSiMe_3)_{11}Li_6THF_6]^-$ **16**, $[Ge_7O_4(OSiMe_3)_7Li_6THF_6]^-$ **17** (Abbildung 32) und $[Ge_7(OSiMe_3)_{15}Li_6THF_6]^-$ **18** mit je sieben Germaniumatomen identifiziert werden. Die Massendifferenz zwischen Verbindung **16** und Verbindung **18** beträgt 324 u, was der Masse von zwei Silylethermolekülen $O(SiMe_3)_2$ entspricht. Der Unterschied zwischen **16** und **17** beträgt ebenfalls 324 u, so dass davon ausgegangen werden kann, dass **16** und **17** durch Eliminierung von zwei bzw. vier Ethermolekülen aus **18** entstehen, wobei pro abgespaltenem Ethermolekül ein Sauerstoffatom in der Clusterverbindung zurückbleibt.
#

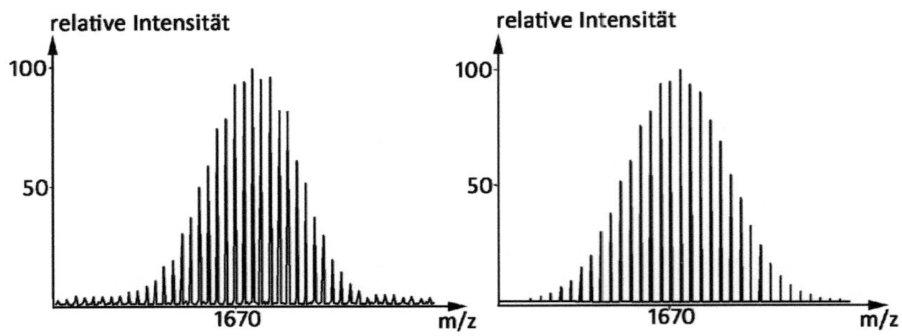

Abbildung 32: Gemessenes (links) und simuliertes (rechts) Isotopenmuster von $[Ge_7O_4(OSiMe_3)_7Li_6THF_6]^-$ **17**

Um die Struktur von **18** zu bestimmen, wurden wiederum quantenchemische Rechnungen durchgeführt. Dabei wurden einerseits die Verbindungen $Ge_7R_{15}^{7-}$ sowohl mit als auch ohne verbrückende Liganden, und andererseits die Verbindung $Ge_7R_7^-\cdot 6LiR$ (R = $OSiMe_3$), also ein Addukt eines Clusters mit sieben Molekülen der nicht umgesetzten Ausgangsverbindung $LiOSiMe_3$, angenommen. Während die Rechnungen für $Ge_7R_{15}^{7-}$ nicht konvergierten konnte für $Ge_7R_7^-$ eine Minimumstruktur (Abbildung 33) erhalten werden, bei der die Anordnung der Schweratome mit der aus der Röntgenstrukturanalyse bestimmten übereinstimmt.

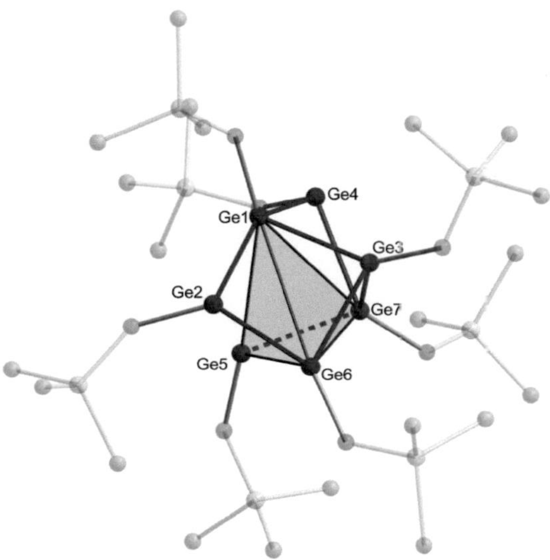

Abbildung 33: Berechnete Struktur von $Ge_7(OSiMe_3)_7^-$ (ohne Wasserstoffatome). Silizium-, Kohlenstoff und Sauerstoffatome sind transparent dargestellt. Die tetraedrische Anordnung von vier Germaniumatomen ist durch Polyederdarstellung hervorgehoben.

Die Längen der Germanium-Germanium-Abstände in der Dreiecksfläche (Ge5, Ge6, Ge7) liegen zwischen 284 und 288 pm. Die Germaniumatome Ge2 und Ge4 überkappen die Dreiecksflächen Ge1-Ge5-Ge6 bzw. Ge1-Ge7-Ge5 nicht zentral sondern es wird ein beinahe planarer Ge_5-Fünfring (Ge1-Ge2-Ge6-Ge7-Ge4) ausgebildet. Darin weicht die berechnete Struktur von der rudimentären Kristallstruktur ab, in der diese Atome zentral über den Dreiecksflächen angeordnet sind (Abbildung 34).

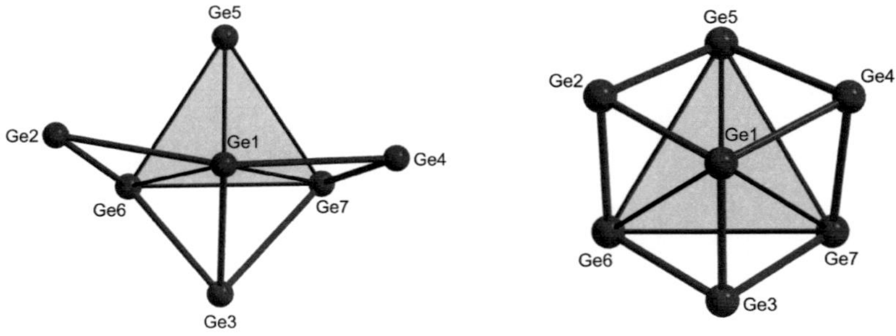

Abbildung 34: Links: Die berechnete Anordnung des Ge_7Kerns von $Ge_7(OSiMe_3)_7^-$. Rechts: Die über Kristallstrukturanalyse erhaltene Schwermetallanordnung. Die tetraedrische Anordnung von vier Germaniumatomen ist jeweils durch Polyederdarstellung hervorgehoben.

Ob die berechnete Struktur tatsächlich der Realität entspricht, müssen weitere Untersuchungen z.B. mit Synchrotronstrahlung ergeben, um weitere Informationen zur Kristallstruktur zu erhalten. Die ersten Ergebnisse zeigen jedoch, dass der $OSiMe_3$-Ligand Germaniumclusterverbindungen stabilisieren kann. Allerdings geht diese Ligandverbindung, wie anhand der hier beschriebenen massenspektrometrischen Untersuchungen gezeigt werden konnte, eine reduktive Eliminierung ein, bei der der Silylether $O(SiMe_3)_2$ abgespalten wird und ein Sauerstoffatom am Clusterkern verbleibt. Die Eliminierungsreaktion läuft also hin zu Germaniumoxidverbindungen und nicht hin zu elementarem Germanium, wie das von den Ligandsystemen $Si(SiMe_3)_3$ oder $FeCp(CO)_2$ bekannt ist.

3.2.2. Umsetzungen mit Li[(SiMe$_3$)N(2,6-^{i}Pr$_2$C$_6$H$_3$)]

Erste Umsetzungen der 1,2-Difluorbenzollösung mit der Verbindung Li[(SiMe$_3$)N(2,6-^{i}Pr$_2$C$_6$H$_3$)] führten zunächst wieder zu Kristallen der verbrückten Struktur {Li[(SiMe$_3$)N(2,6-^{i}Pr$_2$C$_6$H$_3$)]}$_2$. Erst das Lösen des Liganden in Tetrahydrofuran und das anschließende Zutropfen der auf -55 °C gekühlten Ligandlösung zu der auf -45 °C gekühlten Germaniumbromidlösung führte zu einem vollständigen Umsatz. Nach Aufarbeitung konnten aus dem Pentanextrakt große Mengen des Germylens Ge[(SiMe$_3$)N(2,6-^{i}Pr$_2$C$_6$H$_3$)]$_2$ isoliert werden. Anhand massenspektrometrischer Untersuchungen des Pentanextraktes konnten Verbindungen mit einem m/z-Verhältnis von 1677 und 1765 identifiziert werden. Diesen Signalgruppen konnten zwei Spezies mit sechs Germaniumatomen zugeordnet werden, die beide mit einer durchschnittlichen Oxidationsstufe kleiner eins den reduzierten Spezies der Disproportionierungsreaktion zugeordnet werden können.

Ge$_6$[(SiMe$_3$)N(2,6-^{i}Pr$_2$C$_6$H$_3$)]$_5^-$ (19):

Clusterverbindungen mit sechs Atomen der Gruppe 14 sind schon seit längerem bekannt. Dabei sind verschiedene Anordnungen der Atome im Clusterkern möglich. So kennt man eine oktaedrische Grundstruktur wie sie in der von Power et al. dargestellten Verbindung Ge$_6$Ar$_2$ (Ar = C$_6$H$_3$-2,6-Dipp$_2$; Dipp = C$_6$H$_3$-2,6-iPr$_2$) **4**[30] und in den anionischen Verbindungen Ge$_6$(M(CO)$_5$)$_6^{2-}$ (M = Cr, Mo, W) zu finden ist.[75] Des Weiteren ist eine prismatische Anordnung bekannt wie sie in der Verbindung Ge$_6$(HC(SiMe$_3$)$_2$)$_6$ gefunden wird.[28] Geht man von beiden Strukturen (Oktaeder, trigonales Prisma) aus, so führen quantenchemische Rechnungen zu der selben in Abbildung 35 gezeigten Minimumstruktur.

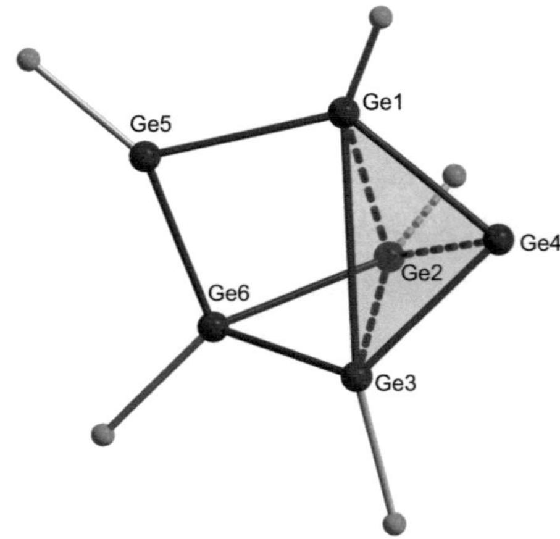

Abbildung 35: Berechnete Molekülstruktur von $Ge_6R_5^-$ **19**. Aus übersichtlichkeitsgründen sind nur Germanium- und Stickstoffatome gezeigt. Das Ge_4-Tetraeder ist durch Polyederdarstellung hervorgehoben.

,
Die Struktur von **19** kann dabei als ein Ge_4-Tetraeder (Ge1-Ge2-Ge3-Ge4) beschrieben werden, bei dem die Dreiecksfläche (Ge1-Ge2-Ge3) von einer Ge_2R_2-Einheit überbrückt ist. Die tetraedrische Anordnung ist dabei stark verzerrt. So variieren die Abstände innerhalb des Tetraeders zwischen 247 pm (Ge3-Ge4) und 337 pm (Ge1-Ge2). Zu der „Ge_2R_2-Brücke" finden sich Abstände von 264 pm (Ge1-Ge5), sowie 265 pm(Ge2-Ge6) und 256 pm (Ge3-Ge6).

$Ge_6[(SiMe_3)N(2,6-{}^iPr_2C_6H_3)]_5(NSiMe_3)^-$ (20):

Wie auch bei der oben beschrieben Clusterverbindung **19** wurde die Struktur von **20** ausgehend von einer trigonal prismatischen und einer oktaedrischen Anordnung mit Hilfe quantenchemischer Methoden berechnet. Dabei wurde jeweils die in Abbildung 36 gezeigte Minimumstruktur erhalten. Die Struktur lässt sich wiederum als stark verzerrtes Ge$_4$-Tetraeder (Ge1-Ge2-Ge3-Ge4) beschreiben, wobei die beiden verbleibenden Germaniumatome (Ge5, Ge6) je eine Kante verbrücken. Wie bereits bei anderen Strukturen gefunden werden konnte (s.o.), liegt auch hier ein fragmentierter Ligand vor, der verbrückend an die Germaniumatome Ge3 und Ge6 gebunden ist, und somit die ursprünglich trigonal prismatische Anordnung der Germaniumatome aufbricht.

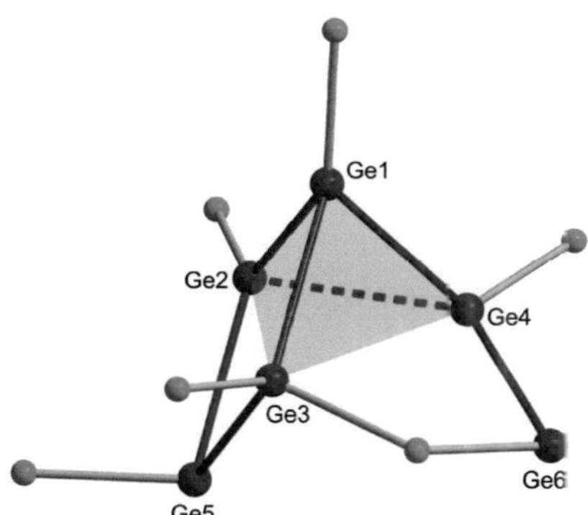

Abbildung 36: Berechnete Molekülstruktur von Ge$_6$R$_5$NSiMe$_3^-$ **20**. Aus Übersichtlichkeitsgründen sind nur Germanium- und Stickstoffatome gezeigt. Das verzerrte Ge$_4$-Tetraeder ist durch Polyederdarstellung hervorgehoben.

Die Germanium-Germanium-Abstände im Tetraeder variieren wieder im weiten Bereich von 244 pm (Ge1-Ge2) bis 351 pm (Ge3-Ge4). Die Abstände zu den verbrückenden Germaniumatomen betragen 260 pm (Ge2-Ge5), 258 pm (Ge3-Ge5), 250 pm (Ge4-Ge6) und 332 pm (Ge3-Ge6).

3.2.3. Zwischenzusammenfassung

Die Verwendung von 1,2-Difluorbenzol als Lösemittel stellt eine weitere Verbesserung der Kokondensationstechnik dar und ermöglicht einen Zugang zum Einsatz von Ligandsystemen, die nicht oder nur schlecht in

Glockenumsetzungen oder bei Umsetzungen mit der isolierbaren Lösung mit THF/Acetonitril/Tri^{n}Butylamin eingesetzt werden können. Trotz dieser Verbesserung ist immer noch ein breites Feld von Ligandsystemen auch mit dieser Lösung nicht einsetzbar. So deprotonieren viele Lithiumorganyle 1,2-Difluorbenzol und man erhält beispielsweise bei Reaktionen mit $LiC_6H_32,6$-Mes_2 die protonierte Spezies $HC_6H_32,6$-Mes_2 in Form farbloser Kristalle. Auch *tert*Butyllithium reagiert mit 1,2-Difluorbenzol in einer stark exothermen Reaktion. Um auch derartige Ligandsysteme einsetzen zu können bedarf es einer weiteren Entwicklung der Syntheseroute.

3.3. Das binäre Lösemittelgemisch Toluol/4-*tert*Butylpyridin

Der Ansatz, zur Verbesserung des Synthesekonzepts durch Einsatz von Lösemittelgemischen mit hoher Dielektrizitätskonstante isolierbare Germaniumonohalogenidlösungen zu erhalten, führte einerseits zu dem ternären Lösemittelgemisch Tetrahydrofuran/Acetonitirl/^{n}Bu$_3$N und andererseits zu dem binären Lösemittelgemisch 1,2-Difluorbenzol/ ^{n}Bu$_3$N. Beide Lösungen konnten zur Synthese metalloider Clusterverbindungen wie z.B. dem metalloiden Cluster $(THF)_{12}Na_6Ge_{10}(Fe(CO)_4)_8$ eingesetzt werden und besitzen gegenüber den Glockenumsetzungen den Vorteil, dass der Ligand in fester Form vorgelegt werden kann. Der große Nachteil dieser Lösungen und damit auch ein möglicher Ansatzpunkt zur Verbesserung ist der Umstand, dass das Lösemittel (Acetonitril, 1,2-Difluorbenzol) auch eine hohe Reaktivität gegenüber Lithiumorganylen aufweist und somit eine Vielzahl an Ligandsystemen nicht mit diesen Lösungen eingesetzt werden können. Daher wurde im Rahmen dieser Arbeit ein anderer Ansatz verfolgt. Anstatt die Lösemittelkomponente zu variieren, wurde die Donorkomponente ausgetauscht und als Lösemittelkomponente, wie bei den Glockenumsetzungen, Toluol eingesetzt. Ziel ist es dabei eine

Germaniummonohalogenidlösung darzustellen, die zum einen isoliert werden kann und zum anderen mit möglichst vielen Ligandsystemen zur Reaktion gebracht werden kann. Die Donorkomponente darf dabei keinen zu hohen Siedepunkt besitzen, da sie in der Kokondensationsapparatur verdampft werden muss. Da sich bisher sowohl in der Chemie der 13. als auch der 14. Gruppe Amine als Donoren bewährt hatten, wurde in ersten Versuchen Pyridin bzw. Pyridinderivate eingesetzt. Dabei stellten sich sowohl Pyridin selbst als auch Trimethylpyridin als ungeeignet heraus. In beiden Fällen wurde, wie auch bei reinen Toluol, ein dunkelroter bis braunschwarzer Feststoff zusammen mit einer farblosen Lösung erhalten. Untersuchungen des Feststoffes mit Hilfe einer EDX-Analyse ergaben ein Germanium-Brom-Verhältnis von ca. 1:1. Die eingesetzten Donoren (Pyridin, 2,4,6-Trimethylpyridin) waren also nicht in der Lage das Germaniumbromid zu stabilisieren und in Lösung zu halten. Erfolgreicher war der Versuch mit 4-*tert*Butylpyridin. So konnte durch Kokondensation von GeBr mit einer 5:1 Mischung aus Toluol/4-*tert*Butylpyridin eine isolierbare Germaniumbromidlösung erhalten werden. Erste Umsetzungen mit dieser Lösung zeigten jedoch, dass es aufgrund der Redoxlabilität des 4-*tert*Butylpyridin zu unerwünschten Nebenreaktionen kommt, wie mitunter an der violetten Färbung verschiedener Extrakte nach thermischer Behandlung erkennbar war. Die violette Farbe ist dabei auf das 4-*tert*Butylpyridyl-Radikal zurückzuführen. Hier zeigt also nicht das Lösemittel Toluol, sondern die Donorkomponente 4-*tert*Butylpyridin eine unerwünschte Nebenreaktion. Das Ergebnis zeigt jedoch, dass im Prinzip isolierbare Germaniummonohalogenid-Lösungen durch Variation der Donorkomponente erhalten werden können. Es galt nun nach Alternativen zu stickstoffhaltigen Donoren zu suchen, wobei Phosphane eine naheliegende Möglichkeit darstellen.

3.4. Das binäre Lösemittelgemisch Toluol/Tri^{n}Butylphosphan

In ersten Versuchen wurde der schon bei der Darstellung isolierbarer Zinn(I)bromidlösungen[76] erfolgreich eingesetzte Donor Tri^{n}Butylphosphan zur Darstellung einer Germaniummonohalogenidlösung eingesetzt. Die Kokondensation von GeBr mit einer Mischung aus Toluol ^{n}Bu$_3$P im Verhältnis 5:1 führt tatsächlich zu einer hellorangenen isolierbaren Lösung, wobei kein Rückstand in der Apparatur zurückbleibt. Die Lösung ist über mehrere Wochen bei -78°C unverändert lagerbar. Wird diese Lösung langsam auf Raumtemperatur erwärmt, verfärbt sie sich von hellorange nach dunkelrot. Erst bei Erwärmen auf Temperaturen >50°C fällt ein dunkelroter amorpher Feststoff aus. Diese Lösung stellt somit die temperaturstabilste Germaniummonohalogenidlösung dar. Da sich in der Vergangenheit gezeigt hat, dass Lösungen reaktiver sind, je geringer der Anteil der Donorkomponente ist, wurde im Folgenden die Donormenge verringert, wobei auch der Einsatz einer Lösung mit Toluol/^{n}Bu$_3$P im Verhältnis 10:1 während der Kokondensationsreaktion zu einer isolierbaren Lösung führt. Erste Untersuchungen deuten jedoch darauf hin, dass diese Lösung dasselbe Verhalten wie die Lösung mit der 5:1 Mischung zeigt. Um das Synthesepotential dieser GeBr-Lösungen zu erfassen, wurde sie mit verschiedenen Ligandsystemen umgesetzt.

3.4.1. Umsetzungen mit Li[(SiMe$_3$)N(2,6-^{i}Pr$_2$C$_6$H$_3$)]

Um zu untersuchen, ob auf das Lösen des Liganden in Tetrahydrofuran verzichtet werden kann, wurde in einem ersten Versuch der Ligand Li[(SiMe$_3$)N(2,6-^{i}Pr$_2$C$_6$H$_3$)] in fester Form vorgelegt und bei -78°C wurde die bei dieser Temperatur flüssige Germaniumhalogenidlösung (Lösemittelgemisch Toluol/Tri^{n}Butylphosphan) zugegeben. Nach langsamem Erwärmen auf Raumtemperatur und Aufarbeiten wurde der dunkelrote Heptanextrakt über mehrere Stunden auf 120°C erhitzt und somit den gleichen drastischen Bedingungen ausgesetzt wie sie bei der Synthese der metalloiden Aluminiumclusterverbindung $Si@Al_{56}[(SiMe_3)N(2,6-^iPr_2C_6H_3)]_{12}$ angewendet wurden.[69] Die thermische Behandlung führt zum Ausfallen eines schwarzen amorphen Niederschlags, der in Diethylether löslich ist. Massenspektrometrische Untersuchungen dieser Etherlösung zeigten, dass mehrere anionische Cluster vorhanden sind. So lassen sich im Massenspektrum (Abbildung 37) den Signalgruppen bei m/z = 1426 und m/z= 2147 die Clusterverbindungen $Ge_4Si_2R_4R^{*-}$ (R = $[(SiMe_3)N(2,6-^iPr_2C_6H_3)]$; R^*=NSiMe$_3$) **21** und $Ge_{10}R^*_7{}^-\cdot4PBu_3$ **22** zuordnen.

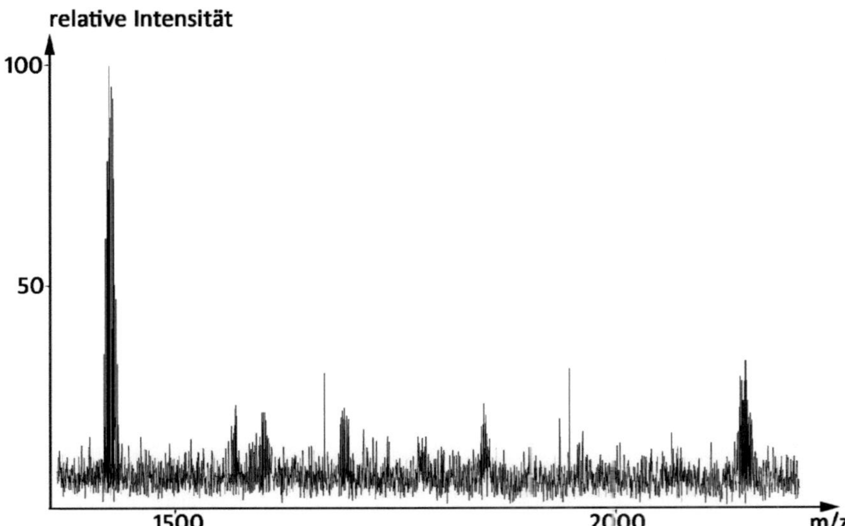

Abbildung 37: Massenspektrum des Heptanextraktes der Reaktion von GeBr (Lösemittelgemisch: Toluol/P^{n}Bu$_3$) mit $Li[(SiMe_3)N(2,6-^iPr_2C_6H_3)]$.

$Ge_4Si_2R_4R^{*-}$ $(R = [(SiMe_3)N(2,6-^iPr_2C_6H_3)]$; $R^*=NSiMe_3)$ 21:

Wie in Kapitel 2.2. beschrieben, hat auch bei **21** eine Fragmentierung des Liganden stattgefunden, die bis hin zu zwei „nackten Siliziumatomen geht. Aus der Summenformel von **21** lässt sich mit hoher Wahrscheinlichkeit schließen, dass **21** durch die drastischen Bedingungen aus **8** gebildet wird. Dabei werden zwei der verbrückenden $NSiMe_3$-Liganden weiter fragmentiert und so die Verbindung **21** erhalten.

$Ge10R^*7-\cdot4PnBu3$ 22:

Wie bei den meisten zuvor beschriebenen Verbindungen ist auch in **22** die Fragmentierung des Liganden zu beobachten. Bei **22** handelt es sich um die größte metalloide Clusterverbindung, die bisher mit Hilfe von massenspektrometrischen Untersuchungen aus Reaktionen von GeBr-Lösungen mit $Li[(SiMe_3)N(2,6-^iPr_2C_6H_3)]$ identifiziert werden konnte. Dabei wurden alle sieben Liganden, wahrscheinlich durch die thermische Behandlung, fragmentiert. So wie bei den zuvor beschriebenen Fragmentierungen wird auch hier von einer Insertion der fragmentierten Liganden in den Clusterkern ausgegangen, was zu einer Aufweitung des Clusterkerns führt. Durch den deutlich geringeren sterischen Anspruch der fragmentierten $NSiMe_3$-Liganden, findet sich auch für die mit Hilfe der massenspektometrischen Untersuchungen an **22** gebundenen Phosphandonoren eine plausible Erklärung. Durch die deutlich schlechtere Abschirmung der fragmentierten Liganden ist genug Platz für die Phosphandonoren um an den Clusterkern zu koordinieren.

3.4.2. Umsetzungen mit KO^{t}Bu

Neben dem weiter oben beschriebenen OSiMe$_3$-Liganden wurde als zweite sauerstoffhaltige Verbindung zur Stabilisierung metalloide Clusterverbindungen O^{t}Bu eingesetzt. In ersten Versuchen wurde die -78°C kalte Germaniummonohalogenidlösung (Lösemittelgemisch Toluol/^{n}Bu$_3$P) zu der ebenfalls auf -78°C gekühlten Ligandverbindung (KO^{t}Bu) gegeben. Nach Erwärmen auf Raumtemperatur konnte so eine rot-braune Reaktionslösung erhalten werden. Nach Aufarbeiten wurde ein roter Heptanextrakt erhalten, der massenspektrometrisch untersucht wurde und in dem mehrere anionische Clusterverbindungen nachgewiesen werden konnten (Abbildung 38). So konnten die Signalgruppen bei m/z = 1641 und m/z = 1511 den Clusterverbindungen Ge$_9$R$_5$O$^-$ **23** und Ge$_9$R$_3$O$_2^-$ **24** zugeordnet werden. Außerdem können den Signalgruppen bei m/z =1933 und m/z = 1803 die metalloiden Clusterspezies Ge$_{11}$R$_7$O$^-$ **25** und Ge$_{11}$R$_5$O$_2^-$ **26** zugeordnet werden. Dabei beträgt die Massendifferenz zwischen **23** und **24** als auch zwischen **25** und **26** jeweils 130 u, was der Masse von Di-*tert*-butylether entspricht. Beim O^{t}Bu-Liganden kann also wie bei dem OSiMe$_3$-Liganden (Abschnitt 3.2.1.) eine Ethereliminierungsreaktion beobachtet werden. Da ausgehend von zwei O^{t}Bu-Gruppen nach Eliminierung von ^{t}Bu$_2$O ein Sauerstoffatom im Cluster verbleibt, führt die reduktive Eliminierung somit auch zu sauerstoffhaltigen Clusterspezies. Die in **23** und **26** gefundenen Sauerstoffatome stammen dabei sehr wahrscheinlich von einer solchen reduktiven Eliminierung. Das Auftreten von Clusterverbindungen mit bis zu 11 Germaniumatomen zeigt jedoch, dass hier tatsächlich größere Cluster zugänglich sind. Des weiteren zeigt das Auftreten sauerstoffhaltiger Cluster, dass sauerstoffhaltige Ligandverbindungen zur Synthese metalloider Cluster ungeeignet sind.

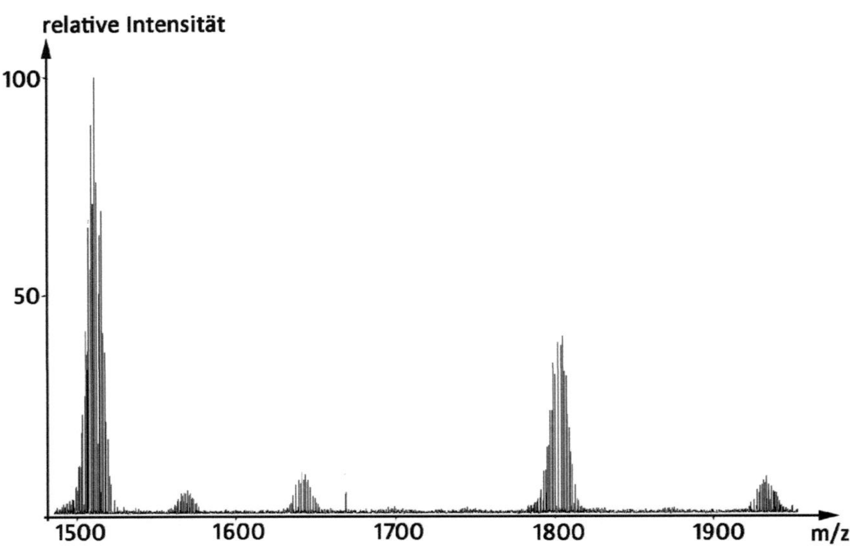

Abbildung 38: Massenspektrum der Umsetzung von GeBr (Lösemittelgemisch: Toluol/PnBu$_3$) mit KO^{t}Bu.

3.4.3. Umsetzungen mit LiSi(SiMe$_3$)$_3$

Da die beiden bisher verwendeten Ligandverbindungen Li[(SiMe$_3$)N(2,6-^{i}Pr$_2$C$_6$H$_3$)] und KO^{t}Bu unerwünschte Nebenreaktionen zeigen, wurde im folgenden der schon bei Glockenumsetzungen sehr erfolgreich eingesetzte LiSi(SiMe$_3$)$_3$-Ligand verwendet. Dabei soll zum einen untersucht werden, ob die Germaniumbromidlösung (Toluol/P^{n}Bu$_3$) prinzipiell zur Synthese metalloider Clusterverbindungen des Germaniums geeignet ist. Zum anderen soll untersucht werden ob sich hierbei die metalloide Clusterverbindung Ge$_9$(Si(SiMe$_3$)$_3$)$_3^-$ **1** in für weitere Untersuchungen sinnvollen Ausbeuten darstellen lässt. Zwar gelang es schon bei Umsetzungen mit der Germaniumbromidlösung (Lösemittelgemisch: 1,2-Difluorbenzol/N^{n}Bu$_3$) **1** in der

74

Gasphase nachzuweisen; jedoch nur in äußerst geringen Konzentrationen. Da gerade für die in Teil C beschriebene Folgechemie größere Mengen an **1** benötigt werden, ist eine gute Ausbeute an **1** besonders wichtig. Nach Umsetzung der Germaniummonobromidlösung (Toluol/ P^nBu_3) mit $LiSi(SiMe_3)_3$ wird eine fast schwarze Reaktionslösung erhalten und nach vergleichbarer Aufarbeitung konnte die Clusterverbindung $\{Ge_9(Si(SiMe_3)_3)_3\}^-$ **1** in kristalliner Form in einer Ausbeute von 26% isoliert werden. Dies kommt der Ausbeute der Glockenumsetzungen von 34% sehr nahe. Die Prozentzahlen beziehen sich dabei auf die Gesamtmenge an eingesetztem Germanium. Berücksichtigt man weiterhin den Ablauf der Disproportionierungsreaktion, bei der auch oxidierte Spezies wie $GeBr_2$ und $GeBr_4$ entstehen, ist die Ausbeute deutlich größer. Da jedoch nicht vollständig geklärt ist in welchen Anteilen die oxidierten Spezies gebildet werden, kann keine exakte Ausbeute angegeben werden.

3.5. Zusammenfassung und Ausblick - Kapitel 3

Ziel war es, im Rahmen dieser Arbeit neue Clusterverbindungen darzustellen und zu untersuchen. Hierzu wurde unter anderem die Ligandverbindung $Li[(SiMe_3)N(2,6-^iPr_2C_6H_3)]$, welche sich bereits in der Chemie der 13. Gruppe bewährt hat, zunächst in Glockenumsetzungen eingesetzt. Da bei dieser Art von Umsetzungen die Ligandverbindung gut bei tiefen Temperaturen löslich sein muss, stieß man jedoch an die Grenzen dieser Methode. Zwar gelang über die Komplexierung mit Tetrahydrofuran eine Steigerung der Löslichkeit und Reaktivität wodurch die Darstellung der Verbindung $Ge_6SiR_5R^{*2-}$ ($R = [(SiMe_3)N(2,6-^iPr_2C_6H_3)]$; $R^*=NSiMe_3$) **8** gelang. Es wurden jedoch nach wie vor erhebliche Mengen an nicht umgesetzten Edukten erhalten. Somit musste eine alternative Route gefunden werden. Hier boten sich isolierbare Lösungen an, wobei das tenäre Lösemittelgemisch $THF/CH_3CN/^nBu_3N$ für die Umsetzungen mit Lithiumorganylen ungeeignet ist. Für Umsetzungen mit dieser Germaniummonohalogenidlösung eignen sich Übergangsmetall-carbonylverbindungen, wie in der Vergangenheit beispielsweise an Hand der Reaktion mit $NaFe(CO)_4$ gezeigt werden konnte. Im Rahmen dieser Arbeit wurde, die Ligandverbindung $KFeCp(CO)_2$ mit der Germaniumbromid-Lösung ($THF/CH_3CN/^nBu_3N$) umgesetzt. Dabei konnte eine Vielzahl an metalloiden Clusterverbindungen über Massenspektrometrie nachgewiesen, sowie deren Struktur mit quantenchemischen Methoden berechnet werden. Des Weiteren wurde die reduktive Eliminierung von $(FeCp(CO)_2)_2$ beobachtet, eine Reaktion die im folgenden Kapitel an Hand von Stoßexperimenten (SORI-CAD) näher untersucht wird.

Da die Glockenumsetzungen mit dem Ligandsystem $Li[(SiMe_3)N(2,6-^iPr_2C_6H_3)]$ keine zufriedenstellenden Ergebnisse brachten, wurde mit Hilfe der zweiten bisher bekannten isolierbaren Germaniummonohalogenidlösung (Lösemittelgemisch: 1,2-Difluorbenzol/Tri^{n}Butylamin) versucht metalloide

Germaniumcluster dazustellen. Dies gelang jedoch erst, nachdem der Ligand in Tetrahydrofuran gelöst und zu der Germaniummonohalogenidlösung zugegeben wurde. Ebenfalls ausgehend von der 1,2-Difluorbenzollösung konnte unter Verwendung des Liganden $OSiMe_3$ eine anionische Verbindung der Zusammensetzung $Ge_7(OSiMe_3)_{15}Li_6THF_6^-$ **18** in Form orangefarbener Kristalle isoliert werden. Die Kristallstrukturanalyse führte dabei lediglich zur Lokalisierung der Schweratome in Form eines dreifach flächenüberkappten Tetraeders. Quantenchemische Rechnungen deuten auf ein Addukt aus einer Clusterspezies mit sechs Eduktmolekülen hin. Die wirkliche Struktur wird erst mit Hilfe eines leistungsfähigeren Diffraktometers z.B. mit Synchrotronstrahlung aufzuklären sein, das im Verlauf dieser Arbeit nicht zur Verfügung stand. Die massenspektrometrischen Untersuchungen dieser Verbindung zeigen weiterhin, dass der $OSiMe_3$-Ligand unter Bildung einer Etherverbindung $O(SiMe_3)_2$ fragmentiert, wobei ein Sauerstoffatom am Clusterkern verbleibt und die Reaktion somit in Richtung der Germaniumoxide verläuft und nicht, wie im Fall der Liganden $-Si(SiMe_3)_3$ und $-FeCp(CO)_2$, hin zu elementarem Germanium. Auch wenn die Germaniummonohalogenidlösung mit 1,2-Difluorbenzol, wie an den Umsetzungen mit der Verbindung $Li[(SiMe_3)N(2,6-^iPr_2C_6H_3)]$ gezeigt werden konnte, eine deutliche Weiterentwicklung darstellt, so ist sie noch immer zu vielen Einschränkungen unterworfen. Dabei erweist sich die hohe Reaktivität der Lösemittelkomponente 1,2-Difluorbenzol als besonders störend, die mit vielen Lithiumorganylen, welche sich als gute Liganden zur Stabilisierung von Clustersystemen bewährt haben (z.B. $Li2,6,-Mes_2C_6H_3$), unter Deprotonierung reagiert. Daher war es Ziel dieser Arbeit eine Germaniummonhologenidlösung zu entwickeln, die einerseits aus der Kokondensationsapparatur entfernt werden kann und die andererseits aus Lösemittel und Donorkomponenten besteht die keine Nebenreaktionen mit diesen Ligandsystemen eingehen. Dabei wurde der bisherige Ansatz verworfen bei gleichbleibendem Donor (Tri^{n}Butylamin) die Lösemittelkomponente durch andere Lösemittel mit hoher Dielektrizitätskonstante auszutauschen. Stattdessen wurde, sich an den Glockenumsetzungen orientierend, versucht, Toluol als Lösemittelkomponente beizubehalten und dafür eine Donorkomponente zu finden mit der isolierbare Lösungen auf Toluolbasis erhalten werden können. Zunächst wurden weiterhin Stickstoffdonoren in Form von Pyridin und Pyridinderivaten eingesetzt. Während Pyridin und 2,4,6-Trimethylpyridin lediglich zu einem dunkelroten bis schwarzbraunen Feststoff mit überstehender farbloser Lösung führten, konnte mit 4-*tert*Butylpyridin eine rote, isolierbare Germaniummonohalogenidlösung erhalten werden. Erste Versuche, diese Lösung in Folgereaktionen zur Darstellung metalloider Clusterverbindungen einzusetzen, zeigten jedoch, dass es zu Nebenreaktionen unter Bildung des Pyridylradikals kommt, was bereits mit bloßem Auge anhand der violett gefärbten Extrakte zu beobachten war. Da die für die Kokondensationstechnik geeigneten Stickstoffdonoren damit mehr oder weniger ausgereizt waren, wurden in den folgenden Versuchen Phosphane als Donorkomponente eingesetzt. Dabei konnte unter Verwendung von Tri^{n}Butylphosphan eine hellorangene, isolierbar Germaniummonohalogenidlösung auf Toluolbasis erhalten werden. Die Lösung erwies sich dabei als erstaunlich temperaturstabil. So verfärbt sie sich bei Erwärmen auf Raumtemperatur lediglich von hellorange nach dunkelrot und erst bei Temperaturen oberhalb von 50°C bildet sich ein roter unlöslicher Niederschlag. Da bei der Synthese der metalloiden Clusterverbindung $Ge_9(Si(SiMe_3)_3)_3^-$ **1** in Glockenumsetzungen mit einem Verhältnis Toluol zu Donor von 10:1 die größten Aubeuten erzielt werden, wurde auch im Fall der neuen Lösung das Verhältnis Toluol zu Phosphan von anfangs 5:1 auf 10:1 umgestellt. Dies lieferte ebenfalls eine hellorange Lösung mit den gleichen Eigenschaften. Im Rahmen dieser Arbeit wurden erste Umsetzungen mit verschiedenen Liganden durchgeführt. Dabei zeigen die massenspektrometrischen Untersuchungen die Bildung von metalloiden Germaniumclustern mit 9-11 Germaniumatomen im Clusterkern. Zudem konnte aus der Umsetzung mit LiSi(SiMe$_3$)$_3$ eine im Vergleich zur Glockenumsetzungen ähnliche Ausbeute der anionischen Clusterverbindung Ge$_9$(Si(SiMe$_3$)$_3$)$_3^-$ in kristalliner Form erhalten werden. Es ist somit erstmals gelungen eine Germaniumonohlogenidlösung darzustellen, die die Vorteile aller bisherigen Lösungen in sich vereint, ohne ihre Nachteile zu besitzen. Damit kann nun ein weites Feld an neuen Ligandsystemen für die Darstellung metalloider Germaniumclusterverbindungen erschlossen werden.

III. Stoßexperimente und Gasphasenreaktionen

1. Einleitung

Neben dem rein qualitativen Nachweis ionischer Clusterspezies mit Hilfe der modernen Massenspektrometrie ist es, wie in Abschnitt I erwähnt, auch möglich, über Stoßexperimente oder Gasphasenreaktionen tiefere Einblicke in die Bindungssituationen metalloider Cluster zu gewinnen. Die ersten Stoßexperimente an metalloiden Clustern wurden kürzlich für das Clusterion $Ga_{19}(C(SiMe_3)_3)_6^-$ durchgeführt.[44] Dabei wurden bei Dissoziationsexperimenten (SORI-CAD) ausschließlich neutrale $Ga(C(SiMe_3)_3)$-Einheiten abgespalten und je nach Energie unterschiedliche Intensitäten für die Fragmentionen $Ga_{13}(Ga(C(SiMe_3)_3)_x^-$ (x = 5, 4, 3, 2 ,1, 0) gefunden. Dies zeigte, dass die sechs $Ga(C(SiMe_3)_3)$-Einheiten vergleichsweise schwach an einen Ga_{13}-Kern gebunden sind. Basierend auf diesen Ergebnissen wurden für den metalloiden Cluster der XIV. Gruppe $Ge_9R_3^-$ (R = $Si(SiMe_3)_3$) **1** vor kurzem orientierende Fragmentierungsversuche durchgeführt.[77] Mit der hierbei verwendeten SORI-CAD Methode[44][57] (**s**ustained **o**ff-**r**esonance **i**rradiation **c**ollisional **a**ctivation **d**issociation) gelang es, die Fragmentierung unter Bruch der jeweils schwächsten Bindung von einzelnen angeregten Ge_9R_3-Anionen nach Stößen mit Inertgasmolekülen zu beobachten. Dabei konnte festgestellt werden, dass im Gegensatz zu den Experimenten mit dem Clusteranion $Ga_{19}(C(SiMe_3)_3)_6^-$ [44] keine Metall-Metall Bindungen gebrochen werden. Stattdessen werden zunächst die ersten beiden Liganden ($Si(SiMe_3)_3$) nicht wie erwartet einzeln als Radikale, sondern über eine reduktive Eliminierung in Form der Verbindung $Si_2(SiMe_3)_6$, abgespalten. Als Endprodukt der Ligandfragmentierung erhält man im wesentlichen Ge_9Si-Clusteranionen, d.h. es hat eine Clustererweiterung stattgefunden. Im Folgenden werden zuerst die Ergebnisse vergleichbarer

Stoßexperimente an der im vorhergehenden Kapitel (II.-3.2.) beschriebenen Germaniumclusterverbindung $Ge_6(FeCp(CO)_2)_6(FeCpCO)^-$ **14** vorgestellt. Anschließend werden weiterführende Experimente zur Gasphasenchemie von $Ge_9(Si(SiMe_3)_3)_3^-$ **1** beschrieben.

2. SORI-CAD Experimente mit der Verbindung $Ge_6(FeCp(CO)_2)_6(FeCpCO)^-$

Bei Dissoziationsexperimenten (SORI-CAD) an der Clusterspezies $Ge_6(FeCp(CO)_2)_6(FeCpCO)^-$ **14**. kann, ebenso wie bei der Untersuchung der metalloiden Clusterverbindung $Ge_9(Si(SiMe_3)_3)_3^-$, eine reduktive Eliminierung von R_2 ($R = Si(SiMe_3)_3$ bzw. $FeCp(CO)_2$) beobachtet werden. So findet man nach Stoßanregung, wie anhand der in Abbildung 39 gezeigten Massenspektren zu sehen ist, ausschließlich Eliminierungsprodukte die durch die Eliminierung der neutralen $(FeCp(CO)_2)_2$-Fragmente plausibel gemacht werden können.

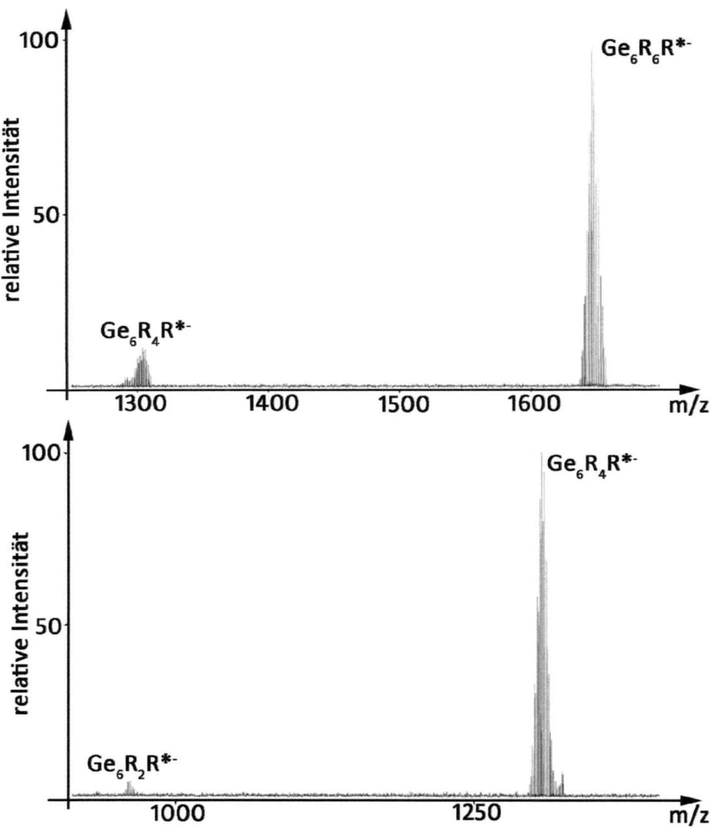

Abbildung 39: Massenspektren nach Stoßanregung von Ge$_6$(FeCp(CO)$_2$)$_6$(FeCpCO)$^-$ **14**. Oben: Durch die Eliminierung von (FeCp(CO)$_2$)$_2$ kann die Verbindung Ge$_6$(FeCp(CO)$_2$)$_4$(FeCpCO)$^-$ **28** erhalten werden. Unten: Erhöhung der Energie führt zu einer weiteren Eliminierung von (FeCp(CO)$_2$)$_2$ und es kann Ge$_6$(FeCp(CO)$_2$)$_4$(FeCpCO)$^-$ identifiziert werden.

Die Intensität der Fragmentionen (FeCpCO)Ge$_6$(FeCp(CO)$_2$)$_n$ (n = 6, 4, 2, 0) ist dabei wie auch im Falle des Galliumclusters Ga$_{19}$(C(SiMe$_3$)$_3$)$_6^-$ von der kinetischen Energie der Ausgangsverbindung abhängig. Niedrige Energie führt zu den schwereren Fragmentionen, höhere Energie zu den leichteren. Bei der höchsten Energie resultiert die Verbindung Ge$_6$(FeCpCO)$^-$ **27**. Da im Massenspektrum keine offenschaligen Verbindungen mit ungerader Ligandenzahl zu beobachten sind, ist zu erwarten, dass die reduktive

Eliminierung von $(FeCp(CO)_2)_2$ in einem Schritt erfolgt. Für eine solche konzertierte Reaktion ist es sinnvoll, dass die Liganden an benachbarte Germaniumatome gebunden sind. Somit kann man sich die Fragmentierung, ausgehend von der, mit quantenchemischen Methoden berechneten Struktur von **14** wie folgt vorstellen (Abbildung 40):

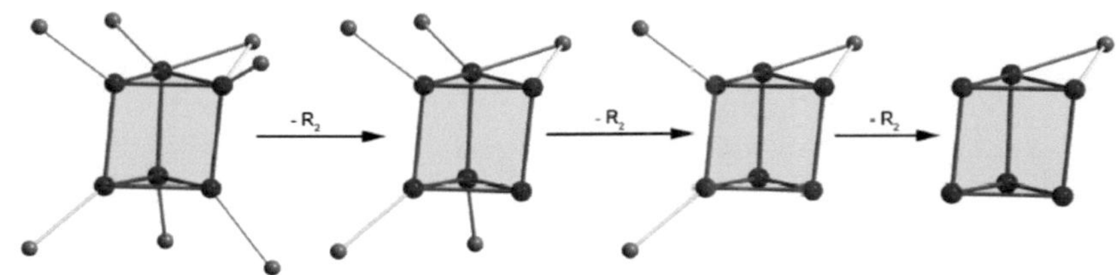

Abbildung 40: Schema der Eliminierungsreaktion von $(FeCp(CO)_2)_2$-Fragmente am Beispiel von **12**.

Die Minimumstruktur von **14** kann nach DFT-Rechnungen als trigonal prismatische Anordnung von sechs Germaniumatomen beschrieben werden. Im Laufe der Fragmentierung werden sehr wahrscheinlich zwei Liganden die sich an den gegenüberliegenden Ecken der Ge_3-Dreiecksflächen befinden eliminiert, wobei alle drei Positionen energetisch gleichwertig sind, es liegt also keine bevorzugte Eliminierungsreihenfolge vor. Da das Eliminierungsprodukt $(FeCp(CO)_2)_2$ auch aus den Pentan- bzw. Toluolextrakten aller Umsetzungen von Germaniummonobromid mit $KFeCp(CO)_2$ in großen Mengen in Form dunkelroter Kristalle isoliert werden konnte, findet die reduktive Eliminierung auch in Lösung statt. Dies wird durch den massenspektrometrischen Nachweis der Verbindung $Ge_6(FeCp(CO)_2)_4(FeCpCO)^-$ **28**, wie in Abbildung 41 zu sehen ist, untermauert. Aufgrund der zentralen Bedeutung der reduktiven Eliminierung bei der Bildung bzw. beim Abbau metalloider Clusterverbindungen des Germaniums wurden weiterführende Gasphasenuntersuchungen an der gut zugänglichen, strukturell charakterisierten, metalloiden Clusterverbindung $Ge_9(Si(SiMe_3)_3^-$ **1** durchgeführt, deren Ergebnisse im folgenden Kapitel diskutiert werden.

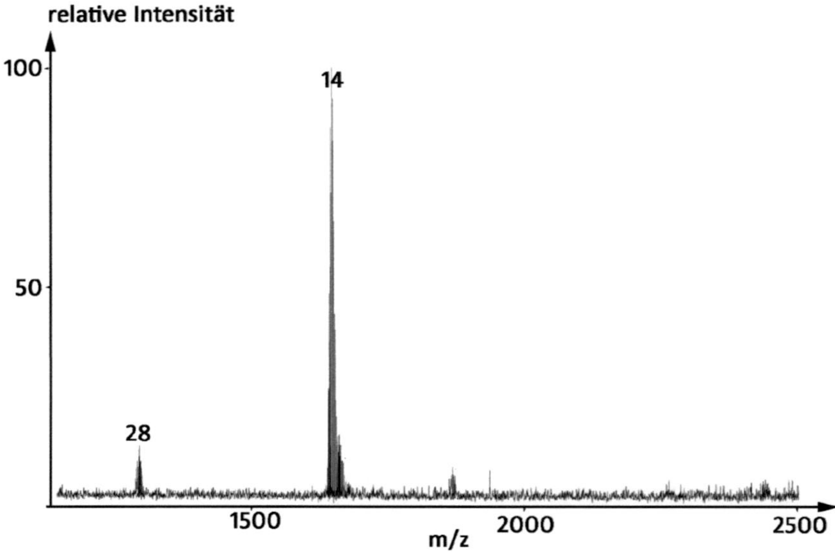

Abbildung 41: Massenspektrum der Reaktionslösung der Umsetzung von GeBr (Lösemittelgemisch: THF/CH$_3$CN/N^{n}Bu$_3$) mit KFeCp(CO)$_2$. Neben der Verbindung Ge$_6$(FeCp(CO)$_2$)$_6$(FeCpCO)$^-$ **14** ist auch ohne Stoßanregung das Produkt Ge$_6$(FeCp(CO)$_2$)$_4$(FeCpCO)$^-$ **28** der Eliminierung von (FeCp(CO)$_2$)$_2$ zu sehen.

3. Reaktionen des metalloiden Clusteranions $[Ge_9(Si(SiMe_3)_3)_3]^-$ in der Gasphase. Oxidations- und Reduktionsschritte geben Einblicke in den Bereich zwischen metalloiden Clustern und Zintl-Ionen

Bei den ersten orientierenden Gasphasenuntersuchungen zur stoßinduzierten Dissoziation mit dem metalloiden Cluster $Ge_9R_3^-$ (R = $Si(SiMe_3)_3$) **1** blieben noch viele Fragen offen. Aus diesem Grund werden diese Untersuchungen hier noch einmal aufgegriffen, durch on-resonante Anregungsversuche zu **1** vertieft und zum Teil quantifiziert. Solche Ergebnisse fehlten für das Verständnis der neuartigen Bindungsverhältnisse im Gebiet der metalloiden Germaniumcluster, welches sich in den letzten Jahren rasant entwickelt hat und in dem die Clusterverbindung **1** auch hinsichtlich ihres Synthesepotentials eine Sonderstellung einnimmt.[11,12,78] Zur kinetischen Stabilisierung einer Reihe von Verbindungen dieser neuen Klasse von Germaniumclustern, die als Modelle für den Grenzbereich zwischen Molekülen und Festkörpern gelten, werden meist sterisch anspruchsvolle Liganden wie $Si(SiMe_3)_3$, $N(SiMe_3)_2$, 2,6-Ar_2-C_6H_3 (Ar = 2,6-$^iPr_2$-C_6H_3) usw. verwendet.[79][80] Während diese Liganden in den meisten Fällen, der gewünschten Stabilisierungsintention entsprechend, den Clusterkern fast völlig abschirmen, so dass Folgereaktionen am Kerngerüst kaum möglich sind, liegen die Verhältnisse für die Verbindung $Ge_9(Si(SiMe_3)_3)_3^-$ völlig anders:[10] Hier lassen sich z.B. die nackten Germaniumatome, wie in dem später folgenden Teil B beschrieben, durch Umsetzung mit Übergangsmetallkationen M^{n+} oder mit Übergangsmetallcarbonylverbindungen der Formel $L_3M(CO)_3$ (L = Acetonitril, Propionitril) zu neutralen oder ionischen $MGe_9(Si(SiMe_3)_3)_6$-Verbindungen bzw. zu erweiterten Clusterverbindungen $(CO)_3MGe_9R_3^-$ (R = $Si(SiMe_3)_3$) absättigen.[12] Die hohe Reaktivität dieser ungeschützten $Ge_9R_3^-$-Cluster wird neben Reaktionen mit ungesättigten Komplexverbindungen auch durch die spontane oxidative Zersetzung der Clusterverbindung $Ge_9R_3 \cdot Li(THF)_4$

1 bei Luftkontakt deutlich.[81] Um einen ersten Einblick in den Mechanismus solcher oxidativen Zersetzungen von **1** zu erhalten, wurden Gasphasenreaktionen dieser Clusterverbindung mit O_2 und Cl_2 massenspektrometrisch untersucht. Die Ergebnisse und die oben genannten energieaufgelösten Experimente bei stoßinduzierten Dissoziationen erlauben erstmals quantitative Einblicke in die Bindungsverhältnisse und die komplexen oxidativen (Cl_2 bzw. O_2) und reduktiven (R_2 Eliminierung) Abbauprozesse eines metalloiden Germaniumclusters.

3.1. Ergebnisse und Diskussion

Um das Verständnis der Bindungssituation in der metalloiden Clusterverbindung $Ge_9(Si(SiMe_3)_3)_3^-$ **1** zu vertiefen, wird zunächst die Fragmentierung eingehender untersucht. Dabei soll unter anderem geklärt werden, wie die sowohl bei früheren massenspektrometischen Experimenten als auch bei Synthesearbeiten beobachtete Abspaltung von R_2-Molekülen ($Ge_9R_3^- \rightarrow Ge_9R^- + R_2$) unter Einzelstoßbedingungen im Detail abläuft. Anschließend wird nach der Beschreibung der unerwarteten Inertheit von **1** gegenüber O_2 über die Oxidationsschritte von **1** mit Cl_2 berichtet.

Fragmentierungsversuche

Wie bereits früher detailliert beschrieben wurde,[68] lässt sich das Clusteranion $Ge_9(Si(SiMe_3)_3)_3^-$ **1** aus einer THF-Lösung mit Hilfe der Elektrospray-Ionisationsmethode (ESI)[82] unzersetzt in die Gasphase überführen und anschließend in die ICR-Ionenfalle eines FT-ICR-Massenspektrometers transferieren. Dort wird bei den hier beschriebenen Versuchen die kinetische Energie der Clusterverbindung durch resonante dipolare Anregung (s. Kapitel I-

86

3.5.) variabel erhöht. Wird nun gleichzeitig über ein Leckventil ein statischer Argonpartialdruck (ca. $2\cdot10^{-8}$ mbar) eingestellt, so lässt sich durch Kollision mit dem Stoßgas (Argon) ein Teil der kinetischen Energie der Verbindung $Ge_9(Si(SiMe_3)_3)_3^-$ in innere Energie überführen, bis es zur Fragmentierung kommt.[83][84] Erhöht man die kinetische Energie des Clusteranions $Ge_9(Si(SiMe_3)_3)_3^-$ **1** schrittweise, so führen die Stöße mit den Argonatomen bereits bei $2.0\pm0,15$ eV (193 ± 15 kJmol^{-1}) zu einer Eliminierung von zwei $Si(SiMe_3)_3$-Liganden und zur Bildung von $[Ge_9Si(SiMe_3)_3]^-$. Die weitere Erhöhung der durch Stöße übetragenen inneren Energie der Verbindung $Ge_9(Si(SiMe_3)_3)_3^-$ führt bei einer Kollisionsenergie von $2,6 \pm 0,15$ eV (251 ± 15 kJmol^{-1}) zu $[Ge_9Si(SiMe_3)]^-$ und bei $2,7\pm 0,15$ eV (261 ± 15 kJmol^{-1}) zu Ge_9^-. Erst ab einer Energie von etwa $3,8$ eV (367 kJmol^{-1}) kommt es zur Bildung von Ge_9Si^-. Die angegebenen Stoßenergiewerte resultieren aus den gemessenen Schwellenwertkurven, die in Abbildung 42 wiedergegeben sind.

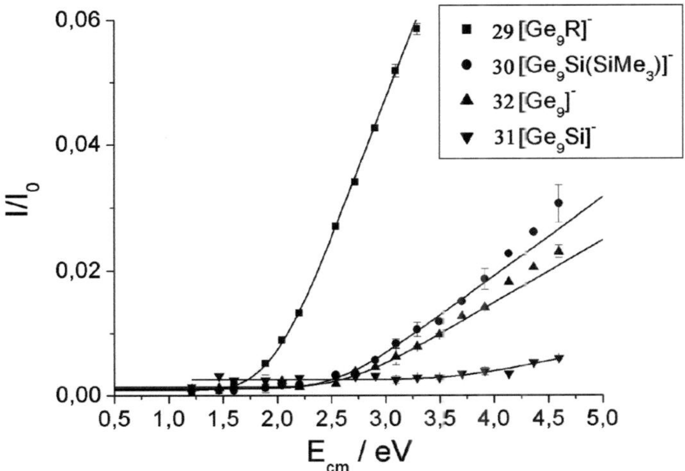

Abbildung 42: Schwellwertkurve von $[Ge_9R_3]^-$ **1** nach on-resonanter Anregung und Kollision mit Argon ($t_{diss} = 100$ ms, $p = 2.2\cdot10^{-8}$ mbar) als Funktion der Stoßenergie E_{cm} (1 eV = 96.5 kJ·mol^{-1}). Die durchgezogenen Kurven resultieren aus einer Anpassung an die gemessenen Datenpunkte. Bei 30 und 32 wurden jeweils nur die Datenpunkte bis 3.9 eV angepasst.

Diese quantitativen Ergebnisse der Fragmentierung von **1** unterscheiden sich von den früheren qualitativen Ergebnissen an **1**, bei denen die Schwellenwerte für die einzelnen Dissoziationsstufen nicht zugänglich waren, da sie mit einer off-resonanten Anregung (SORI-CAD; *sustained off-resonance irradiation collisional activation dissociation*) erfolgten. Bei dieser SORI-CAD-Methode wird, wie in Kapitel I-3.5. beschrieben, in dem zu fragmentierenden Molekül durch Stöße z.B. mit Argonatomen nach und nach so viel Energie akkumuliert bis es zum Bruch der jeweils schwächsten Bindung kommt. Dabei fragmentiert **1**, wie bei den hier beschriebenen resonanten Anregungsversuchen, zunächst zu **29** (Abbildung 43).

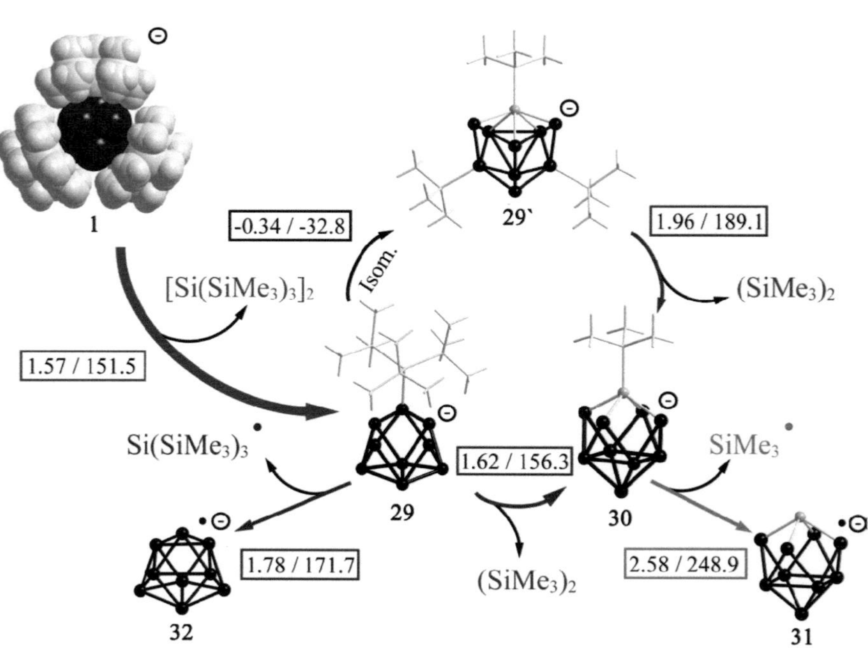

Abbildung 43: Kalottenmodell von {Ge₉[Si(SiMe₃)₃]₃}⁻ **1** (Blick entlang der dreizähligen Achse) und Verlauf der stoßinduzierten Dissoziation von **1** mit "off-" und "on-resonanter" Anregung (siehe Text); die angegebenen Energiewerte (eV, kJ·mol⁻¹) stammen aus DFT Rechnungen. Die angegebenen Molekülstrukturen von **29, 29', 30-32** sind durch DFT Rechnungen ermittelte Minimumstrukturen.

Danach kommt es jedoch bei off-resonanter Anregung aufgrund des unterschiedlichen Anregungsmechanismus (s.o.) zu einer Isomerisierung zu **29'**, dass anschließend $(SiMe_3)_2$ eliminiert und zu **30** fragmentiert. Das Endprodukt dieses Fragmentierungskanals ist fast ausschließlich Ge_9Si^- **31** d.h. es besteht nicht nur ein quantitativer sondern auch ein prinzipieller Unterschied zu den hier beschriebenen Ergebnissen. Um das unterschiedliche Fragmentierungsverhalten von **1** im zweiten Schritt (Ge_9R^- . ⋯.) bei der hier beschriebenen resonanten Anregung gegenüber früheren SORI-CAD Experimenten zu verstehen, d.h. um den Fortgang des Fragmentierungsmechanismus aufzuklären, wurde das bei beiden Verfahren entstehende Primärprodukt, also das Clusteranion Ge_9R^- **29** in möglichst großen Konzentrationen erzeugt und als einziges Ion isoliert.[85]Anschließend wurde **29** resonant angeregt und für 100 ms mit Argonatomen zur Kollision gebracht (s.o.). Bei Schwellenwerten von ca. 2 eV (Abbildung 45) entstehen die Clusteranionen $[(Ge_9Si)SiMe_3]^-$ **30** und Ge_9^- **32**, die im Spektrum (Abbildung 44) deutlich zu erkennen sind.

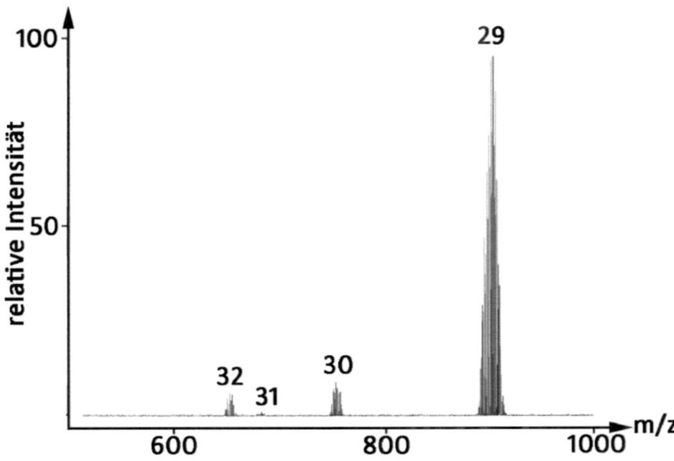

Abbildung 44: Massenspektrum von isoliertem $Ge_9[Si(SiMe_3)_3]^-$ **29** nach on-resonanter Stoßanregung mit Argonatomen. Den einzelnen Signalgruppen sind die entsprechenden Summenformeln zugeordnet.

Das Verhältnis von gebildeten [Ge$_9$Si]$^-$ - Ionen **31** zu [Ge$_9$]$^-$ - Ionen **32** beträgt etwa 1:10. Da die Schwellenergie bezüglich der Bildung von **31** nur 1.7 ± 0.2 eV beträgt und damit mit der zu **32** führenden Schwellenergie von 2.3 ± 0.15 eV vergleichbar ist, sollte man erwarten, dass die beiden Fragmente **31** und **32** mit ähnlichen Ausbeuten gebildet werden.

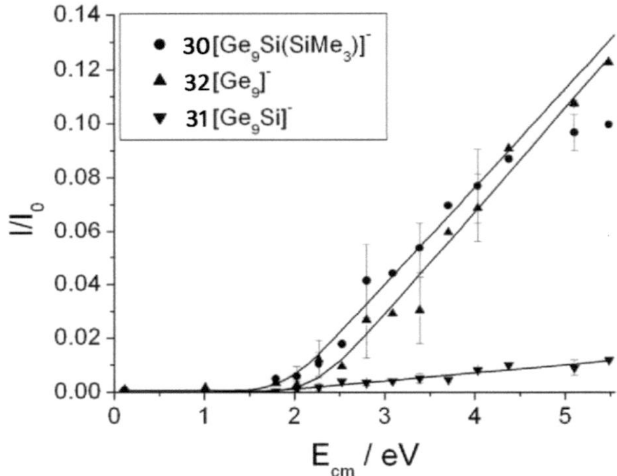

Abbildung 45: Schwellwertkurve von [Ge$_9$R]$^-$ **29** nach on-resonanter Anregung und Kollision mit Argon (t$_{diss}$ = 100 ms, p = 2.2·10^{-8} mbar) als Funktion der Stoßenergie E$_{cm}$. Die durchgezogenen Kurven resultieren aus einer Anpassung an die gemessenen Datenpunkte.

Eine Erklärung, welche die vergleichsweise niedrige Schwellenergie von 1.7 ± 0.2 eV bei gleichzeitig geringer Ausbeute erklärt, wäre die Bildung von **31** durch einen Folgestoß von **30** mit Ar. Berechnet man über eine Poisson-Verteilung den Anteil[1] der [Ge$_9$R]$^-$ - Ionen **31**, welcher bei gegebener kinetischen Energie einen (Q$_1$) bzw. zwei (Q$_2$) Stöße mit Argon während der Kollisionsdauer von 100 ms vollführt, so erhält man bei einer Kollisionsenergie von E$_{cm}$ = 2 eV einen Anteil Q$_1$ = 0.12 und Q$_2$ = 0.008 (Q$_0$ = 0.87) bzw. ein Verhältnis von Q$_2$/Q$_1$ = 0.07. Das

---

[1] Für die Abschätzung wurde für **31** / Ar bzw. **30** / Ar ein Stoßquerschnitt von 150 Å^2 angenommen. Außerdem wurde angenommen, dass gebildetes **30** die gleiche kinetische Energie besitzt wie **29** nach der dipolaren Anregung besitzt. Dies ist eine gute Annahme, da nur etwa 4% der kinetischen Energie beim Stoß in innere Energie umgewandelt werden.

90

heißt etwa 7 % der Teilchen, welche einmal stoßen, stoßen innerhalb 100 ms ein weiteres Mal. Dieses Verhältnis spiegelt auch etwa das Verhältnis von **31** zu **32** (1:10) wieder und spricht für die Bildung von $[Ge_9Si]^-$ **31** durch einen Folgestoß von **30** und gegen einen eigenständigen Fragmentierungskanal.

Bei resonanter Anregung kann **29** also in zwei Fragmentierungskanälen zerfallen: Ge_9^- **32** (2.3 ± 0.15 eV) und $[(Ge_9Si)SiMe_3]^-$ **30** (2.0 ± 0.15 eV), wobei **30** durch Einzelstöße in dem zugeführten Energiebereich von ca. 2.0 eV nicht zu Ge_9Si^- **31** weiterreagieren können sollte. Die trotzdem beobachtete geringe Konzentration an **31** in Abbildung 44 ist vermutlich darauf zurückzuführen, dass es bei den vorhandenen Versuchsbedingungen ab einer Schwellenenergie von 1.7 ± 0.2 eV mit einer geringen Wahrscheinlichkeit zu Folgestößen kommen kann, durch die so viel Energie akkumuliert wird, dass bei der Fragmentierung sogar Ge_9Si^- Cluster **31** gebildet werden. Sämtliche experimentellen Befunde, die primäre Dissoziation der beiden ersten Liganden ($Ge_9R_3^-$. Ge_9R^- + R_2) bei 2.0 eV und die erschwerte Dissoziation des dritten Liganden ($Ge_9R_3^-$. $Ge9^-$ + R2 + R) bei ca. 2.7 eV sind in Einklang mit den aus DFT Rechnungen stammenden thermodynamischen Fragmentierungsenergien (s. Abbildung 43). Diese Befunde scheinen plausibel, da im ersten Schritt geschlossenschalige und im weiteren Schritt radikalische Spezies (Ge_9^-· und R·) entstehen. Da jedoch der erste Schritt auf der "Clusteroberfläche" die sterisch schwer vorstellbare Dimerisierung von zwei $Si(SiMe_3)_3$ Liganden zu einem $Si_2(SiMe_3)_6$ Molekül und dessen anschließende Abspaltung umfasst, wurde untersucht, ob dieser sterisch erschwerte Schritt einer genaueren Überprüfung hinsichtlich der Lebensdauer der beteiligten Spezies standhält. Die folgenden Untersuchungen wurden auch deshalb durchgeführt, da solchen reduktiven Eliminierungsreaktionen auch eine allgemeine Bedeutung zukommt. Bei sehr großen Ionen kann die beobachtete Dissoziationsschwelle beträchtlich von der tatsächlichen Bindungsenergie abweichen, da unter Umständen sehr viel mehr Energie notwendig ist, um im experimentellen Zeitfenster einen Bindungsbruch zu induzieren. Die Ursache dieses "kinetischen Shifts" liegt darin begründet, dass die Stoßenergie bei großen Molekülen auf sehr viele Schwingungsfreiheitsgrade (381 bei $Ge_9R_3^-$ **1**) umverteilt wird und die Wahrscheinlichkeit sinkt, dass die für den Bindungsbruch notwendige Energie in der kritischen, zum Bindungsbruch führenden Schwingungsmode lokalisiert wird.[86] Mit Hilfe der statistischen Phasenraumtheorie (PST) lassen sich als Funktion der inneren Energie Lebensdauern der Clusterionen berechnen und die notwendige Energie abschätzen, welche im Cluster dissipiert werden muss, um auf z.B. einer Zeitskala von 100 ms eine detektierbare Fragmentierung zu erhalten.[87] Im Falle von $Ge_9R_3^-$ **1** konnte durch entsprechende Berechnungen von Olzmann et al. gezeigt werden, dass $Ge_9R_3^-$ bei einer inneren Energie von E_{int} = 6.8 eV mit einer Geschwindigkeitskonstanten im Bereich von 0.1 s^{-1} in die Fragmente $Ge_9R_2^{\cdot-}$ + $R\cdot$ und Ge_9R^- + R_2 (Dissoziationsenergien: 2.07 eV bzw. 1.57 eV) zerfällt und man somit auf einer experimentellen Zeitskala von 100 ms einen Zerfall in $Ge_9R_2^{\cdot-}$ und Ge_9R^- detektieren sollte (Bildung von ~1 % $(Ge_9R_2^{\cdot-}$ + $Ge_9R^-))$.[88] Das berechnete Verhältnis $[Ge_9R_2^{\cdot-}]/[Ge_9R^-]$ hängt dabei empfindlich von der Anregungsenergie ab und beträgt $\approx$7 für E_{int} = 6.8 eV und $\approx$ 0.1 für E_{int} = 5.1 eV. [2] Die Untersuchungen zur Fragmentierung von angeregten Clustermolekülen **1** zeigen also, dass im ersten Schritt eine konzertierte Reaktion abläuft, bei der letztendlich ein R_2 Molekül abgespalten wird. Dieser anschaulich nicht leicht zu verstehende Prozess der Bildung und Abspaltung von sterisch überfrachteten $Si_2(SiMe_3)_6$-Molekülen, der an viele andere reduktive Eliminierungen (z.B. C_2H_6 . C_2H_4 + H_2) erinnert, konnte sowohl experimentell, durch die Bestimmung der erforderlichen Schwellenenergien, als auch durch DFT Rechnungen und durch Berechnung der Lebensdauer der beteiligten Spezies unter den eingestellten Fragmentierungsbedingungen bestätigt werden. Die Aufklärung einer solchen

---

[2] Die für die Berechnung benötigten Parameter wie Schwingungsfrequenzen und Bindungsenergien entstammen aus DFT-Rechnungen.

92

reduktiven Eliminierung an der "Oberfläche" eines metalloiden Clusters dürfte auch von genereller Bedeutung sein, da hier z.B. ein Modellsystem für Oberflächenreaktionen in der heterogenen Katalyse vorliegt. Die vollständige Dissoziation aller Liganden R führt zum "nackten" Ge_9^-, d.h. durch reduktive Eliminierung wechselt man von der Seite der metalloiden Cluster (mittlere positive Oxidationszahl der Germaniumatome) in den Bereich der Zintl-Ionen (mittlere negative Oxidationszahl der Germaniumatome).

Gasphasenreaktion von [Ge₉R₃]⁻ (1) mit O₂ und Cl₂

O_2

Setzt man die in der Penning-Falle des FT-ICR-Massenspektrometers isolierten Anionen $[Ge_9R_3]^-$ **1** einer Sauerstoffatmosphäre bei ca. 10^{-6} mbar aus, so beobachtet man keine Reaktion, d.h. es werden keine anionischen Produktspezies detektiert. Dies zeigt, dass **1** in der Gasphase unter den gegebenen experimentellen Bedingungen gegenüber Sauerstoff stabil ist. Ein vergleichbares Verhalten wurde schon bei nackten Al_{13}^--Clustern mit gerader Elektronenzahl beobachtet,[89] wobei das inerte Verhalten dort auf das Vorliegen eines Singulettgrundzustandes zurückgeführt wurde. Da auch **1** in einem Singulettgrundzustand vorliegt, könnte die Reaktionsträgheit von **1** gegenüber O_2 ebenfalls auf einen spinverbotenen Übergangszustand zurückführbar sein.

Cl_2

Da sich bei Untersuchungen zur Gasphasenreaktivität von nackten Aluminiumclustern gezeigt hat, dass auch geschlossenschalige Cluster mit elementarem Chlor reagieren,[90] wurden im Folgenden Versuche zum oxidativen Abbau von **1** mit elementarem Chlor durchgeführt. Setzt man **1** einer Chloratmosphäre von ca. 10^{-8} mbar aus, so beobachtet man nach einer Reaktionszeit von einigen Sekunden eine Vielzahl von Produktspezies des oxidativen Abbaus. Ein repräsentatives Massenspektrum zeigt Abbildung 46, wobei den einzelnen Massenpeaks verschiedene, dort angegebene Gasphasenspezies zugeordnet sind.

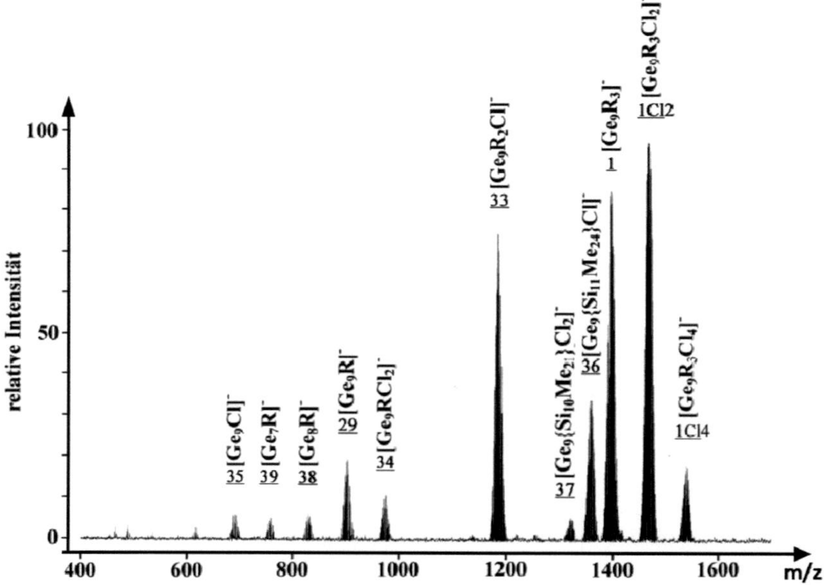

Abbildung 46: Massenspektrum von [Ge$_9R_3$]⁻ **1** nach einer Reaktionszeit von 15 Sekunden, bei einem Chlorpartialdruck von $7 \cdot 10^{-8}$ mbar. Den einzelnen Massenpeaks sind die entsprechenden Summenformeln zugeordnet.

Die zugewiesenen Summenformeln wurden durch einen Vergleich der gemessenen Isotopenverteilung der Massenpeaks mit den berechneten Isotopenverteilungen verifiziert (z.B. Abbildungen 47).

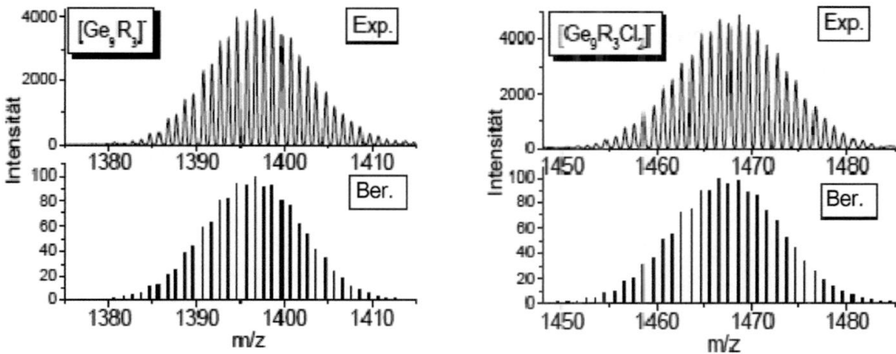

Abbildung 47: Gemessene und berechnete Isotopenmuster der Verbindungen Ge₉R₃⁻ **1** und Ge₉R₃Cl₂⁻ **1Cl₂**. Weitere Isotopenmuster siehe Anhang (Abb. 87/88).

Bei der Gasphasenreaktion von $[Ge_9R_3]^-$ **1** mit elementarem Chlor bilden sich unter anderem die Clusterspezies $[Ge_9R_3Cl_2]^-$ **1Cl₂** und $[Ge_9R_3Cl_4]^-$ **1Cl₄**, bei denen ein bzw. zwei Chlormoleküle oxidativ an **1** addiert wurden. Des Weiteren sind Abbauprodukte mit neun, acht und sieben Germaniumatomen zu erkennen: $[Ge_9R_2Cl]^-$ **33**; $[Ge_9RCl_2]^-$ **34**, $[Ge_9R]^-$ **29**, $[Ge_9Cl]^-$ **35**, $[Ge_9\{Si_{11}Me_{24}\}Cl]^-$ **36**, $[Ge_9\{Si_{10}Me_{21}\}Cl_2]^-$ **37**, $[Ge_8R]^-$ **38** und $[Ge_7R]^-$ **39**. Das Auftreten einer Vielzahl verschiedener Gasphasenspezies deutet auf ein komplexes Reaktionsgeschehen hin, wobei zunächst die Frage zu klären ist, ob man es mit Parallel- oder Folgereaktionen zu tun hat. Dazu wurden Massenspektren nach unterschiedlichen Reaktionszeiten aufgenommen und die normierten Ionensignale von **1**, sowie die der Produkte als Funktion der Reaktionszeit aufgetragen (Abbildung 48).

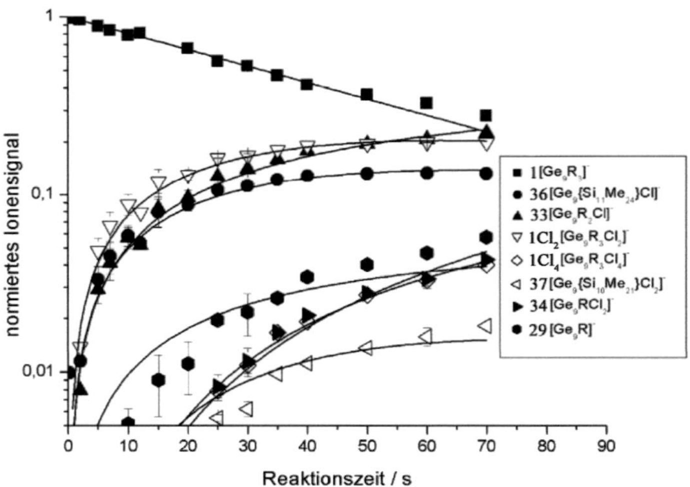

Abbildung 48: Semilogarithmische Darstellung des zeitlichen Verlaufs der Konzentration der verschiedenen Gasphasenspezies $[Ge_9R_3Cl_2]^-$ **1Cl₂**, $[Ge_9R_3Cl_4]^-$ **1Cl₄**, $[Ge_9R_2Cl]^-$ **33**, $[Ge_9RCl_2]^-$ **34**, $[Ge_9R]^-$ **29**, $[Ge_9\{Si_{11}Me_{24}\}Cl]^-$ **36** und $[Ge_9\{Si_{10}Me_{21}\}Cl_2]^-$ **37** während der Gasphasenreaktion von $[Ge_9R_3]^-$ **1** mit Cl_2 (der Übersichtlichkeit halber wurden Gasphasenspezies mit geringer Konzentration wie $[Ge_9Cl]^-$ **35** nicht dargestellt). Die durchgezogenen Kurven resultieren aus einer Kurvenanpassung der gemessenen Datenpunkte.

Dabei zeigt sich als erstes, dass die Konzentration der Hauptprodukte $[Ge_9R_3Cl_2]^-$ **1Cl₂**, $[Ge_9R_2Cl]^-$ **33** und $[Ge_9\{Si_{11}Me_{24}\}Cl]^-$ **36** gleichzeitig zunimmt, während die Konzentration von **1** einfach exponentiell abnimmt. Die Verbindung **1Cl₂** kann somit keine notwendige Zwischenstufe bei der Bildung von **33** bzw. von **35** sein. Zur weiteren experimentellen Bestätigung dieses Befundes wurde während der Reaktionszeit von **1** mit Chlor die Produktspezies **1Cl₂** kontinuierlich aus der ICR-Zelle über eine resonante dipolare Anregung entfernt. Wäre **1Cl₂** eine notwendige Zwischenstufe für die Bildung von **33** und **36**, so sollte nun weder **33** noch **36** gebildet werden. Da der Konzentrationsverlauf von $[Ge_9R_2Cl]^-$ **33** und $[Ge_9\{Si_{11}Me_{24}\}Cl]^-$ **36** nach Eliminierung von **1Cl₂** nahezu unbeeinflusst ist, kann man **1Cl2** als Zwischenstufe für die Bildung von **33** bzw. **36** ausschließen. Ausgehend von

$1Cl_2$ kommt man durch eine weitere Addition von Cl_2 zu $1Cl_4$, was sich am gekoppelten Konzentrationsverlauf von $1Cl_2$ und $1Cl_4$ erkennen lässt. Die Bildung der primären Abbauprodukte mit neun Germaniumatomen (**33**, **34**, **36** und **37**) lassen sich nach den Reaktionsgleichungen (1) – (4) plausibel machen:

$$[Ge_9R_3]^- \ (\mathbf{1}) + Cl_2 \rightarrow [Ge_9R_3Cl_2]^- \ (\mathbf{1Cl_2'}) \rightarrow [Ge_9R_2Cl]^- \ (\mathbf{33}) + R\text{–}Cl \qquad (1)$$

$$[Ge_9R_2Cl]^- \ (\mathbf{33}) + Cl_2 \rightarrow [Ge_9R_2Cl_3]^- \ (\mathbf{33'}) \rightarrow [Ge_9RCl_2]^- \ (\mathbf{34}) + R\text{–}Cl \qquad (2)$$

$$[Ge_9R_3]^- \ (\mathbf{1}) + Cl_2 \rightarrow [Ge_9R_3Cl_2]\text{–} \ (\mathbf{1Cl_2''}) \rightarrow [Ge_9\{Si_{11}Me_{24}\}Cl]^- \ (\mathbf{36}) + Cl\text{–}SiMe_3 \qquad (3)$$

$$\mathbf{36} + Cl_2 \rightarrow [Ge_9\{Si_{11}Me_{24}\}Cl_3]\text{–} \ (\mathbf{36'}) \rightarrow [Ge_9\{Si_{10}Me_{21}\}Cl_2]^- \ (\mathbf{37}) + Cl\text{–}SiMe_3 \qquad (4)$$

Bei der Bildung von **33** und **34** wird ein $Si(SiMe_3)_3$ Ligand komplett als $Cl\text{–}Si(SiMe_3)_3$ abgespalten, wobei ein Chloratom am Cluster verbleibt. Bei den Produktspezies **36** und **37** kommt es zum oxidativen Abbau des Liganden unter Eliminierung von $Cl\text{–}SiMe_3$, wobei der Ligand durch Spaltung einer Si–Si Bindung abgebaut wird. Dieser Reaktionsverlauf ist zu erwarten, da auch der oxidative Abbau von $Cl\text{–}Si(SiMe_3)_3$ mit elementarem Chlor in Lösung, unter Spaltung einer Si–Si Bindung, zu $Cl_2Si(SiMe_3)_2$ führt.[91] Bei den Reaktionsgleichungen (1) und (3) haben die primären Oxidationsprodukte $1Cl_2'$ und $1Cl_2''$ die gleiche Summenformel wie $1Cl_2$. Berücksichtigt man weiterhin, dass $1Cl_2$ wie oben erwähnt, keine Zwischenstufe auf dem Weg zu **33** bzw. **36** ist, so müssen die primär gebildeten Oxidationsprodukte $1Cl_2'$ und $1Cl_2''$ Isomere von $1Cl_2$ sein, die eine so geringe Lebensdauer aufweisen, dass sie nicht detektierbar sind. Solche im FT-ICR Massenspektrometer nicht detektierbaren Zwischenstufen wurden schon bei Gasphasenuntersuchungen des oxidativen Abbaus von Aluminiumclustern mit elementarem Chlor beschrieben. Dort hatten die primären Oxidationsprodukte eine Lebensdauer im Bereich von Nanosekunden und waren deshalb nicht detektierbar.

$$[Ge_9R_3] \xrightarrow{+Cl_2} [Ge_9R_3Cl_2]^- \xrightarrow{+Cl_2} [Ge_9R_3Cl_4]^-$$

$$\mathbf{1Cl_2} \qquad\qquad \mathbf{1Cl_4}$$

$$[Ge_9R_3]^- \xrightarrow[-RCl]{+Cl_2} [Ge_9R_2Cl]^- \xrightarrow[-RCl]{+Cl_2} [Ge_9RCl_2]^-$$

$$\mathbf{1} \qquad\qquad \mathbf{33} \qquad\qquad \mathbf{34}$$

$$\xrightarrow[-ClSiMe_3]{+Cl_2} [Ge_9Si_{11}Me_{24}Cl]^- \xrightarrow[-ClSiMe_3]{+Cl_2} [Ge_9Si_{10}Me_{21}Cl_2]^-$$

$$\mathbf{36} \qquad\qquad \mathbf{37}$$

Abbildung 49: Primärschritte der Gasphasenreaktion von $[Ge_9[Si(SiMe_3)_3]_3]^-$ **1** mit Cl_2; $R = Si(SiMe_3)_3$.

Im Gegensatz zu den Untersuchungen bei "nackten" Aluminiumclustern werden bei der Oxidation von $[Ge_9R_3]^-$ **1** mit elementarem Chlor somit zusätzlich detektierbare Oxidationsprodukte $\mathbf{1Cl_2}$ und $\mathbf{1Cl_4}$ gebildet. Zusammenfassend werden die hier identifizierten primären Schritte der Gasphasenreaktion von $[Ge_9R_3]^-$ **(1)** mit Cl_2 in Abbildung 49 wiedergegeben. Die Bildung unterschiedlich stabiler, isomerer Primärprodukte $\mathbf{1Cl_2}$, $\mathbf{1Cl_2'}$ und $\mathbf{1Cl_2''}$ deutet daraufhin, dass ein Cl_2 Molekül an verschiedenen Positionen von **1** angreift, wobei sowohl eine Oxidation am Liganden als auch am Germaniumkern stattfindet. Im Folgenden soll der Angriff am Germaniumkern näher betrachtet werden: Dazu wurden verschiedene Isomere von $\mathbf{1Cl_2}$ mit Hilfe quantenchemischer Methoden berechnet, wobei angenommen wird, dass der Angriff von Cl_2 an den "nackten" Germaniumatomen bevorzugt ist. Ein solcher Angriff erscheint plausibel, da auch bei der Oxidation einer Ge(111) Oberfläche die "ungesättigten" Germaniumatome der Oberfläche unter Bildung von Ge–Cl Einfachbindungen oxidiert werden.[92] Aufgrund der sechs nackten Germaniumatome in **1** ergeben sich bei der Reaktion mit Cl_2 eine Vielzahl möglicher Produkte, wobei zu erwarten ist, dass die beiden Chloratome im Produkt in räumlicher Nähe zueinander angeordnet sind. Die beiden mit

98

DFT-Methoden berechneten Minimumstrukturen **1Cl₂a** bzw. **1Cl₂b**, bei denen die beiden Chlorsubstituenten entweder an zwei unterschiedliche oder an dasselbe Germaniumatom gebunden sind, sind in Abbildung 50 wiedergegeben. Bei der Bildung von **1Cl₂a** aus **1** und Cl_2 werden 310 kJ·mol^{-1} Energie frei und bei der Bildung des Isomers **1Cl₂b** 295 kJ·mol^{-1}, d.h. das Isomer **1Cl₂a** ist um 15 kJ·mol^{-1} stabiler als **1Cl₂b**.

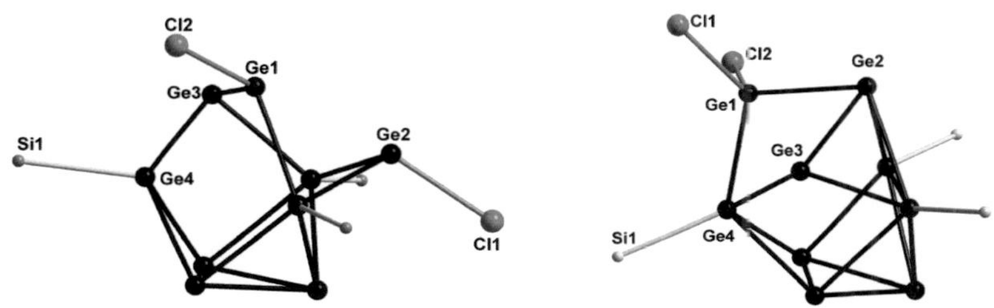

Abbildung 50: Berechnete Molekülstruktur zweier Isomere des Primärproduktes [Ge₉R₃Cl₂]⁻ **1Cl₂** der Gasphasenreaktion von [Ge₉R₃]⁻ **1** mit Cl_2 (die SiMe₃ Gruppen sind der Übersichtlichkeit halber nicht dargestellt; R = Si(SiMe₃)₃): links: **1Cl₂a**; rechts **1Cl₂b**.

Bei den berechneten Molekülstrukturen von **1Cl₂a** und **1Cl₂b** fällt zunächst auf, dass der polyedrische Clusterkern durch die Oxidation aufgebrochen wird. Ein ähnliches strukturelles Verhalten findet man auch bei den vollständig substituierten Clusterverbindungen des Germaniums: So wird die polycyclische Ge₈R₈X₂ Verbindung (R = tBu, X = Br;[93] X = Cl)[94] als eine plausible Vorstufe zur geschlossenen würfelförmigen Ge₈R₈ Clusterverbindung (R = 2,6-Me₂– C₆H₃;[95] R = 1-ethyl-1-methylpropyl[96]) diskutiert.[97] Die Chlorsubstituenten in **1Cl₂a** sind terminal mit einem mittleren Ge–Cl Abstand von 233.6 pm gebunden und in **1Cl₂b** wird ein etwas kürzerer Ge–Cl Abstand von 230.6 pm berechnet. Die berechneten Ge–Cl Abstände sind dabei nur geringfügig länger als der Ge– Cl Einfachbindungsabstand in GeCl₂·Dioxan mit 228.1 pm.[98] Betrachtet man die elektronische Situation in den beiden berechneten primären Oxidationsprodukten **1Cl₂a** und **1Cl₂b** mit Hilfe einer Ahlrichs- Heinzmann-Populationsanalyse, so werden im Bereich der oxidierten

Germaniumatome Dreizentrenbindungsanteile mit einer SEN (*shared electron number*) von maximal 0.17 berechnet. Bei den Dreizentrenbindungsanteilen in **1** wurde demgegenüber eine maximale SEN von 0.32 erhalten. Somit hat die Oxidation primär die delokalisierte Bindungssituation im Clustergerüst von **1** deutlich gestört. Dieser Befund zeigt die Besonderheit von **1** im Vergleich zu einer anderen großen Gruppe an Clusterverbindungen der 14. Gruppe, den Zintl-Ionen. Bei den Zintl-Ionen führt eine primäre Oxidation von z.B. Ge_9^{4-} zur Bildung von Oligomeren $(Ge_9)_n^{x-}$, bei denen die Ge_9-Einheiten nur leicht verzerrt sind.[99] Die Oxidation kann dabei auch zu neutralen "Polymeren", d.h. neuartigen Festkörpermodifikationen führen, in denen die Ge_9-Einheiten immer noch vorhanden sind.[100] Demgegenüber wird durch die Oxidation der metalloiden Clusterverbindung $[Ge_9R_3]^-$ **1** die delokalisierte Bindungssituation aufgehoben, d.h. der Cluster wird abgebaut, wobei neben den drei Liganden zusätzlich bis zu vier Chloratome in **1Cl₄** gebunden sind. Ausgehend von einem der beiden Isomeren **1Cl₂a** oder **1Cl₂b** kommt es zur Abbaureaktion, bei der $(SiMe_3)_3Si–Cl$ eliminiert und die Produktspezies $[Ge_9R_2Cl]^-$ **33** erhalten wird (Abbildung 51).

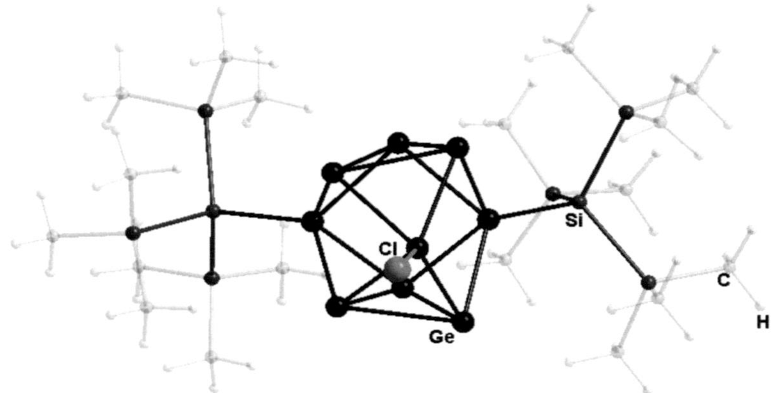

Abbildung 51: Mittels DFT (BP86, SVP) berechnete Grundzustandsstruktur von $[Ge_9R_2Cl]^-$ **33.**

Ausgehend vom Isomer **1Cl₂b** erscheint die Eliminierung der vorgebildeten Hochtemperaturspezies $GeCl_2$ am plausibelsten. Dafür müssten jedoch zwei Ge–

100

Ge-Bindungen gebrochen werden, deren Bindungslänge mit 249.7 und 257.2 pm im Bereich einer normalen Ge–Ge-Einfachbindung von z.B. 245 pm wie in α-Germanium liegen.[101] Die durch die Chlorierung frei gewordene, berechnete Reaktionsenergie von 295 kJ·mol^{-1} ist jedoch deutlich kleiner als die doppelte Bindungsenergie einer Ge–Ge-Einfachbindung von insgesamt ca. 527 kJ·mol^{-1} (2·263.5 ± 7 kJ·mol^{-1}),[102] so dass **1Cl$_2$b** möglicherweise das beobachtete stabile Oxidationsprodukt ist. Als Ausgangsverbindung für den weiteren Abbau wird im Folgenden somit das Isomer **1Cl$_2$a** betrachtet. Nach quantenchemischen Rechnungen ist ausgehend von **1Cl$_2$a** die Bildung von **33** mit 20.3 kJ·mol^{-1} endotherm. Da bei der primären Oxidationsreaktion 310 kJ·mol^{-1} freiwerden, ist die Bildung von **33** durch Reaktion von [Ge$_9$R$_3$]$^-$ **1** mit Cl$_2$ mit insgesamt ca. 290 kJ·mol^{-1} exotherm. Neben diesen ersten energetischen Abschätzungen zeigen alle bisher durchgeführten quantenchemischen Rechnungen eindeutig, dass die Oxidation von **1** mit Cl$_2$ primär zum Verlust der delokalisierten Bindungssituation in **1** führt. Dies steht im Gegensatz zu Untersuchungen bei den Zintl-Ionen, bei denen in primären Oxidationsschritten die Bindungssituation innerhalb des Clusters nahezu unverändert bleibt. Dieser Befund ist zu erwarten, da die mittlere Oxidationsstufe bei den Zintl-Ionen negativ, bei den metalloiden Clustern demgegenüber positiv ist. Eine Oxidation führt bei den Zintl-Ionen also zuerst zum Element, bei den metalloiden Clustern demgegenüber "weiter weg" vom Element hin zu oxidierten Spezies wie z.B. GeCl$_2$ oder GeCl$_4$. Die hier beobachtbaren Oxidationsreaktionen können somit als Elementarschritte für die Oxidation von elementarem Germanium mit Chlor verstanden werden, d.h. hier wird der Prozess der Chlorierung in Einzelschritten sichtbar. Bei einer Reduktion dreht sich die Situation um, und man gelangt bei den metalloiden Clustern zum Element und bei den Zintl-Ionen entfernt man sich immer mehr vom Element, d.h. man erhält kleinere Clustereinheiten wie z.B. Si$_4^{4-}$ in BaSi$_2$.[103] In der "Nähe" des Elements, d.h. bei kleinen positiven als auch negativen mittleren Oxidationsstufen gleichen sich die beiden

Verbindungsklassen strukturell an. So werden beispielsweise in beiden Typen von E_9-Clustern die zu erwartenden Strukturen des einfach überdachten quadratischen Antiprismas bzw. des dreifach überdachten trigonalen Prismas realisiert. Dieses Verhalten ist zu erwarten, da beide Clustertypen (metalloide Cluster und Zintl-Ionen) bei kleiner werdenden mittleren Oxidationsstufen (positiv oder negativ) demselben Endpunkt zustreben: dem Zustand des Elements. Gasphasenuntersuchungen zum Oxidationsverhalten von Zintl-Ionen fehlen jedoch bisher, könnten aber helfen die Zusammenhänge zwischen den beiden Klassen an Clusterverbindungen im Bereich der 14. Gruppe weiter zu präzisieren.

4. Theoretische Betrachtungen zur Bildung der metalloiden Clusterverbindung $Ge_9(Si(SiMe_3)_3)_3^-$ 1:

Wie anfangs erwähnt ist es bisher gelungen, eine Vielzahl metalloider Clusterverbindungen des Germaniums ausgehend von durch Kokondensationstechnik darstellbaren Monohalogeniden zu synthetisieren. Dabei sind die Bildungsmechanismen, die zu diesen Clusterverbindungen führen, ungeklärt. Das trifft auch auf den anionischen metalloiden Germaniumcluster $[Ge_9(Si(SiMe_3)_3)_3]^-$ 1 zu, der auf Grund seiner offenen Struktur mit nur drei Liganden von besonderem Interesse ist. Die Tatsache, dass in den Extrakten der Umsetzungen zur Darstellung von 1 das Produkt der im vorherigen Kapitel beschriebenen reduktiven Eliminierung, $Si_2(SiMe_3)_6$, nachgewiesen werden kann, legt die Vermutung nahe, dass die Clusterverbindung nicht durch Substitution der Spezies $Ge_9Br_3^-$ 40 gebildet wird, sondern durch Substitution einer Clusterspezies $Ge_9Br_{n+3}^-$. Um diese Theorie zu untermauern wurden quantenchemische Rechnungen durchgeführt, die im Folgenden beschrieben werden. Als Voraussetzung einer Eliminierung ist zu beachten, dass die substituenttragenden Germaniumatome im Cluster in räumlicher Nähe sein sollten. Daraus folgt für die Modellverbindung $Ge_9H_3^-$ 41 die Möglichkeit vier weitere Substituenten unterzubringen. Dies führt zur Modelverbindung $Ge_9H_7^-$ 42, deren berechnete Struktur in Abbildung 52 dargestellt ist. Eine vergleichbare $Ge_9R_7^-$ Verbindung wurde auch mit $Ge_9R_3Cl_4^-$ bei den Oxidationsversuchen von 1 mit Cl_2 beobachtet.

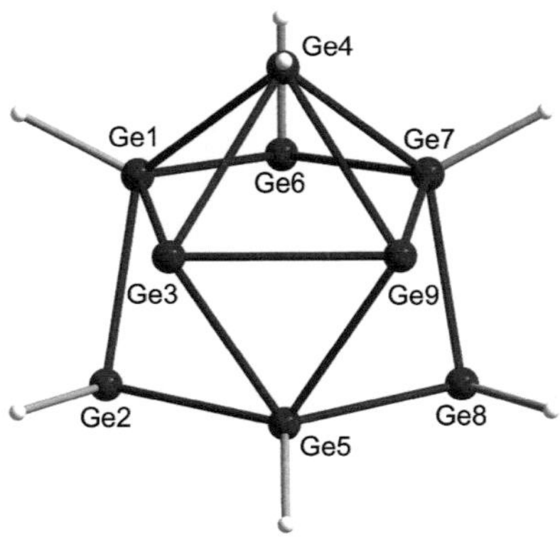

Abbildung 52: Berechnete Struktur der Modellverbindung $Ge_9R_7^-$ (R = H **42**, Br **44**).

Bei der Struktur von **42** fällt zunächst auf, dass sich die beiden verbliebenen „nackten" Germaniumatome (Ge3, Ge9) mit 275 pm sehr nahe kommen. Somit kann auch hier eine Eliminierungsreaktion stattfinden und dadurch von einer Verbindung $Ge_9R_9^-$ **43** ausgegangen werden, für die mit Hilfe quantenchemischer Methoden die in Abbildung 53 dargestellte Minimumstruktur erhalten wurde. Das durch die neun Germaniumatome ausgebildete Polyeder in **43** kann als unvollständiges pentagonales Prisma beschrieben werden, wobei fast alle Germaniumatome die Koordinationszahl 4 aufweisen.

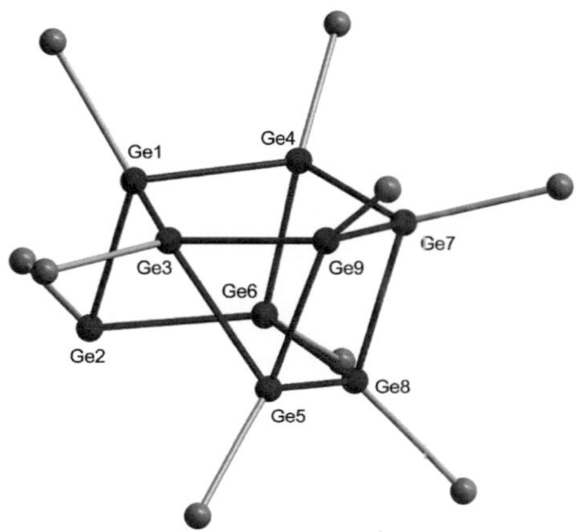

Abbildung 53: Berechnete Minimumstruktur von 41.

Strukturell lässt sich **43** somit als pentagonales $Ge_{10}R_{10}$-Prisma beschreiben, bei dem eine GeR-Einheit eliminiert wurde. $E_{10}R_{10}$ ist für E = Sn schon seit langem bekannt.[104] Außerdem wurde vor kurzem im Bereich der Zintlionen über MGe_{10}^- (M = Fe, Co) berichtet, bei dem die zehn Germaniumatome in Form eines pentagonalen Prismas angeordnet sind.[105,106] Ausgehend von **43** erhält man nach Eliminierung der Bromatome an Ge3 und Ge9 die Verbindung $Ge_9Br_7^-$ **44**, deren berechnete Minimumstruktur schon in Abbildung 52 angegeben ist.

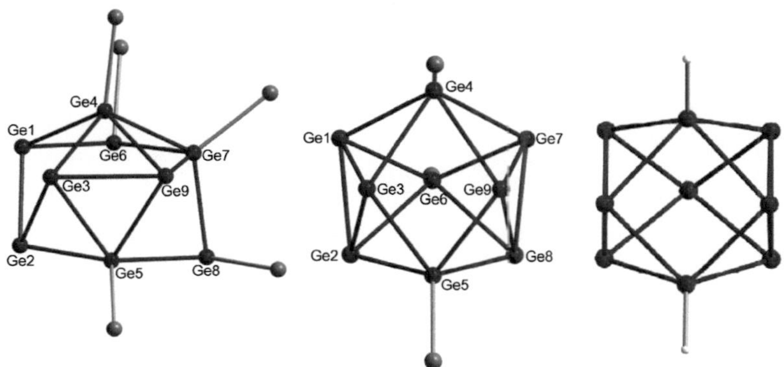

Abbildung 54: berechnete Minimumstrukturen von **45** (links), **46** (mitte) und **47** (rechts).

Werden weitere Bromatome an Ge7/Ge8 und Ge1/Ge2 eliminiert, erhält man die Verbindungen $Ge_9Br_5^-$ **45** und $Ge_9Br_3^-$ **46**. Mit Hilfe von DFT-Rechnungen konnten die in Abbildung 54 gezeigten Minimumstrukturen für **45** (links) und **46** (mitte) ermittelt werden. Dabei verändert sich die Anordnung der neun Germaniumatome zunehmend hin zu der durch Kristallstrukturanalyse bekannten von **1**, d.h. einer dreifach überkappten, trigonal prismatischen Anordnung der neun Germaniumatome. Jedoch ist die Struktur von **46** deutlich verzerrt und die zwei Ge_3-Ringe (Ge1-Ge2-Ge3 und Ge7-Ge8-Ge9) stehen gewinkelt und nicht parallel zueinander wie in **1**. Da die berechnete Minimumstruktur von **47**, bei der ein Wasserstoffatom als Ligand an die Germaniumatome gebunden ist (Abbildung 54 rechts), diese Verzerrung nicht zeigt, scheiden sterische Gründe hierfür aus. Berechnungen mit anderen Halogeniden (F, Cl, Br) zeigen ähnliches Verhalten, wobei die Verzerrung im Falle des Fluors am stärksten und im Falle des Iods am schwächsten ist. Somit scheinen elektronische Gründe für die Verzerrung verantwortlich zu sein, d.h. je elektronegativer der Substituent, desto stärker kommt es zur Verzerrung der dreifach überdachten trigonal prismatischen Anordnung hin zur einfach überdachten quadratisch prismatischen Anordnung. Die hier beschriebenen Rechnungen untermauern somit die Vermutung, dass $Ge_9(Si(SiMe_3)_3)_3^-$ **1** durch die dreifache Eliminierung von R_2 gebildet wird. Eine energetische Abschätzung zeigt dabei, dass die Eliminierung von Br_2 in jedem Schritt mit ca. 250 $kJ \cdot mol^{-1}$ endotherm ist (Tabelle 1).

Tabelle 1: Energetische Abschätzung der Eliminierung verschiedener Liganden.

	$Ge_9R_7^- \rightarrow Ge_9R_5^-$	$Ge_9R_5^- \rightarrow Ge_9R_3^-$
R = Br	+ 262,8 $kJ \cdot mol^{-1}$	+ 249,3 $kJ \cdot mol^{-1}$
R = H	- 17,0 $kJ \cdot mol^{-1}$	- 52,3 $kJ \cdot mol^{-1}$
R = SiH_3	- 31,5 $kJ \cdot mol^{-1}$	- 18,1 $kJ \cdot mol^{-1}$

Es ist somit unwahrscheinlich, dass zunächst **45** über die Eliminierung von Br_2 gebildet wird und anschließend die drei Bromatome durch drei $Si(SiMe_3)_3$-Liganden **1** substituiert werden. Anders verhält es sich mit der Eliminierung von H_2, Si_2H_6 und $Si_2(SiMe_3)_6$ (Tabelle 1). Hier sind die Eliminierungsschritte exotherm. Der erste Schritt der Bildung von **1** aus **43** sollte somit eine Substitutionsreaktion sein. Jedoch ist es aufgrund des großen sterischen Anspruchs des $Si(SiMe_3)_3$-Liganden nicht möglich, gleichzeitig neun Liganden am Clusterkern unterzubringen, und somit alle neun Bromatome an **43** gleichzeitig zu substituieren. Die Bildung von **1** könnte also durch abwechselnde Substitutions- und Eliminierungsschritte ausgehend von $Ge_9Br_9^-$ **43** erfolgen. Dies führt zum in Abbildung 55 gezeigten Reaktionsschema. Dabei wird davon ausgegangen, dass in den ersten vier Schritten ausgehend von $Ge_9Br_9^-$ **43** je ein Bromatom durch einen $Si(SiMe_3)_3$-Liganden substituiert wird, wodurch $Ge_9Br_5R_4^-$ **47** ($R = Si(SiMe_3)_3$) gebildet wird, bei dem die vier Liganden die restlichen Bromatome gegen weitere Substitutionsreaktionen abschirmen. Anschließend kommt es zur Eliminierung von R_2, gefolgt von zwei weiteren Substitutionsreaktionen, was zu $Ge_9Br_3R_4^-$ **48** führt.

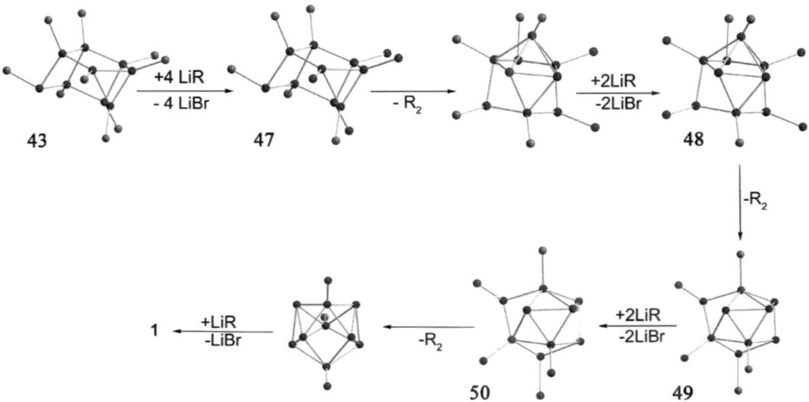

Abbildung 55: Reaktionsschema zur Bildung von **1** aus **43**. Bromatome sind grün dargestellt. Der Übersichtlichkeit halber sind die $Si(SiMe_3)_3$-Liganden (R) durch die rot dargestellten, zentralen Siliziumatome repräsentiert.

In **48** schirmen die vier Liganden die verbleibenden Bromatome wiederum gut ab, wie in Abbildung 56 am Kalottenmodell der berechneten Minimumstruktur von **48** zu erkennen ist. Die Bromatome sind zwar nicht von den Liganden verdeckt, es ist jedoch nicht genügend Platz für eine Substitution durch einen weiteren $Si(SiMe_3)_3$-Liganden.

Abbildung 56: Kalottenmodell der berechneten $Ge_9Br_3R_4^-$ **48** (R = Si(SiMe_3)_3).

Es folgt ein weiterer Eliminierungsschritt zu $Ge_9Br_3R_2^-$ **49** wiederum gefolgt von zwei Substitutionsreaktionen wobei $Ge_9BrR_4^-$ **50** gebildet wird. In einem letzten Eliminierungsschritt entsteht genug Platz, so dass das letzte Bromatom substituiert werden kann und **1** gebildet wird. Die in Abschnitt 3 berichteten Gasphasenreaktionen von **1** mit Cl_2 stellen dabei die Umkehrung der hier beschriebenen Eliminierungsreaktion dar.

Mit Hilfe von ersten Gasphasenuntersuchungen zur stoßinduzierten Dissoziation konnte auch für den $FeCp(CO)_2$-Liganden bei der Verbindung **14**, ähnlich wie bei **1**, eine reduktive Eliminierung von R_2 ($R = FeCp(CO)_2$) beobachtet werden. Diese Eliminierungsreaktion wird so oft wiederholt, bis nur noch der verbrückende $FeCp(CO)$-Ligand am Clusterkern verbleibt, wodurch man sich immer weiter dem elementaren Germanium annähert. Da große Mengen des Eliminierungsprodukts $(FeCp(CO)_2)_2$ aus den Pentan- und Toluolextrakten in Form dunkelroter Kristalle erhalten werden, und da das Produkt des ersten Eliminierungsschrittes **27** über massenspektrometrische Untersuchungen nachgewiesen werden kann, findet dieser Prozess sehr wahrscheinlich auch in Lösung statt. Dies konnte bereits im Falle des $Si(SiMe_3)_3$-Liganden bei Umsetzungen zur Darstellung von **1** beobachtet werden. Auch hier konnte das Eliminierungsprodukt $Si_2(SiMe_3)_6$ in Lösung nachgewiesen werden. Bei ersten Stoßexperimenten (SORI-CAD) an **1** konnte die reduktive Eliminierung beobachtet werden. Durch Vertiefen dieser Untersuchungen konnten experimentell die erforderlichen Schwellenenergien bestimmt werden. Zudem konnten an Hand von DFT-Rechnungen die Strukturen der beteiligten Spezies bestimmt werden. Des Weiteren wurden ihre Lebensdauer unter den eingestellten Fragmentierungsbedingungen berechnet. Sowohl die experimentellen als auch die theoretischen Untersuchungen bestätigen den beobachteten Eliminierungsprozess. Die vollständige Dissoziation aller Liganden R führt zur „nackten" Clusterspezies Ge_9^- und stellt somit einen Wechsel von der Seite der metalloiden Cluster (mittlere positive Oxidationszahl der Germaniumatome) in den Bereich der Zintlionen (mittlere negative Oxidationszahl der Germaniumatome) dar. Zusätzlich zu den Fragmentierungsversuchen wurden Gasphasenreaktionen von **1** mit O_2 und Cl_2 durchgeführt. Dabei zeigen die ersten orientierenden Versuche mit O_2, dass **1** in der Gasphase inert gegenüber der Oxidation mit elementarem Sauerstoff ist. Dies ist darin begründet, dass die primäre Oxidation, analog zu den jüngst durchgeführten Oxidationsversuchen an Al_{13}^{-}-Clusterionen, durch einen spinverbotenen Übergangszustand nicht möglich ist. Dieses Verhalten steht nicht im Widerspruch zu dem pyrophoren Verhalten der Kristalle von **1**, da das Spinverbot durch Wechselwirkungen mit der Oberfläche aufgehoben werden kann wird und die stark exotherme Reaktion stattfindet. Bei Oxidationsexperimenten von **1** mit Cl_2 ist ein komplexes Reaktionsgeschehen zu beobachten, wobei drei primäre Oxidationskanäle zu beobachten sind (Abbildung 49). Zum einen kommt es zur Bildung von stabilen Oxidationsprodukten **$1Cl_2$** und **$1Cl_4$,** zum anderen zur Bildung von Abbauprodukten, bei denen entweder $Cl-SiMe_3$ oder $Cl-Si(SiMe_3)_3$ abgespalten wird. Wie erste orientierende theoretische Untersuchungen zum oxidativen Cl_2-Abbau andeuten, ist der Primärschritt beim Kontakt mit einem Cl_2-Molekül entscheidend. Dabei können die beiden Chloratome des Cl_2-Moleküls entweder an ein Germaniumatom oder an zwei Germaniumatome gebunden werden. Weiterführende Untersuchungen zum Oxidationsverhalten z.B. unter Berücksichtigung von berechneten Übergangszuständen müssen dann zeigen, ob die bisher vorgestellten vorläufigen Reaktionsschritte der Chlorierung von **1** tragfähig sind.

Teil C: Folgechemie der metalloiden Clusterverbindung $Ge_9(Si(SiMe_3)_3)^-$

I. Verknüpfungsreaktionen

1. Einleitung

Im Laufe der Computerentwicklung sind die verwendeten Bauteile sowohl immer leistungsfähiger als auch immer kleiner geworden. Während die ersten Computer, welche gerade mal die Rechenleistung eines Taschenrechners besaßen, noch ganze Räume in Anspruch genommen haben, gibt es heutzutage Computer die bequem in die Jackentasche passen und um ein vielfaches leistungsfähiger sind als ihre „Urahnen". Dieser Trend zu immer leistungsfähigeren und immer kleineren Geräten setzt sich weiter fort, weswegen für die Computerindustrie Bauteile mit immer kleineren Abmessungen bis auf die molekulare Ebene von zunehmenden Interesse sind.[107] Als solche Bausteine können molekulare Drähte, molekulare Kabel und eindimensionale Leiter dienen. Die ersten Ergebnisse in diesem Bereich wurden in der Koordinationschemie erzielt. Durch milde Oxidation von $K_2Pt(CN)_4$ konnten eindimensionale Leiter, sogenannte Krogmann'sche Salze, erhalten werden.[108] Einen aktuelleren Erfolg verzeichneten *Jagadish* und *Zhou et al.*, die 2009 über die Bildung von InAs-Nanoringen und von GaAs Nanodrähten berichteten.[109] Auch metalloide Clusterverbindungen können Ausgangsverbindungen für derartige molekulare Bausteine sein. So konnte der anionische metalloide Germaniumcluster $\{Ge_9(Si(SiMe_3)_3)_3\}^-$ **1**, bei dem zwei Ge_3-Dreiecksflächen offen für Folgereaktionen sind, durch Umsetzung mit Ph_3PAuCl zu der neuen anionischen Clusterverbindung $\{AuGe_{18}(Si(SiMe_3)_3)_6\}^-$ **2c**[11] verknüpft werden.

Weitere Reaktionen mit den einwertigen Kupfer- und Silbersalzen von schwach koordinierenden Anionen führten zu den entsprechenden Kupfer- bzw. Silberverbindungen $\{CuGe_{18}(Si(SiMe_3)_3)_6\}^-$ **2a** und $\{AgGe_{18}(Si(SiMe_3)_3)_6\}^-$ **2b**.[12] Somit zeigte sich, dass prinzipiell eine Syntheseroute zur Verknüpfung von mindestens zwei Ge$_9$-Cluster besteht, wobei die beiden Ge$_9$R$_3^-$-Einheiten gestaffelt angeordnet sind. Dadurch kommt es zu einer Verzahnung der sechs Liganden, die aufgund des großen sterischen Anspruchs auch leicht nach außen verkippt sind. Betrachtet man das Kalottenmodell der Verbindungen $\{MGe_{18}(Si(SiMe_3)_3)_6\}^-$ (M = Cu **2a**, Ag **2b**, Au **2c**) (Abbildung 57) genauer, so fällt auf, dass die äußeren beiden Germanium-Dreiringe trotz der Abwinklung der Si(SiMe$_3$)$_3$-Liganden nach wie vor nur wenig durch die Ligandensphäre abgeschirmt sind und somit prinzipiell auch die neuen Clusterverbindungen als Ausgangsverbindungen für weitere Verknüpfungsreaktionen zu größeren Aggregaten dienen können.

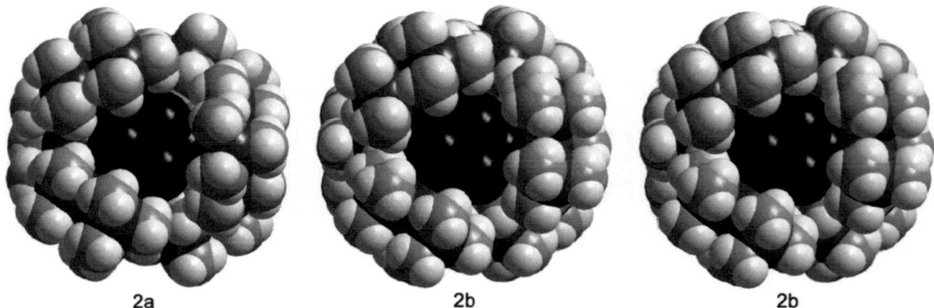

Abbildung 57: Kalottenmodelle der anionischen Clusterverbindungen MGe$_{18}$(Si(SiMe$_3$)$_3$)$_3^-$ (M = Cu **2a** (links), Ag **2b** (mitte), Au **2c** (rechts)).

Da zudem die Bindungselektronen, sowohl in $\{AuGe_{18}(Si(SiMe_3)_3)_6\}^-$ **2c,** als auch in den entsprechenden Kupfer- **2a** und Silberanaloga **2b,** über den gesamten Clusterkern delokalisiert sind, kann man die Synthese dieser Clusterverbindungen als ersten Schritt hin zu molekularen Kabeln, basierend auf MGe$_9$(Si(SiMe$_3$)$_3$)$_3$-Einheiten, sehen.[12][110]

Um den nächsten Schritt zu größeren Aggregaten zu gehen, wurde $\{AgGe_{18}(Si(SiMe_3)_3)_6\}^-$ **2b** wiederum mit dem Silbersalz des schwach koordinierenden Anions $((Al(OC_4F_9)_4^-)$ umgesetzt, wobei ein sofortiger Farbwechsel des Reaktionsgemisches zu beobachten war. Problematisch erweist sich hier jedoch, dass das Reaktionsprodukt in Tetrahydrofuran vollständig unlöslich ist und im Laufe der Reaktion quantitativ in Form eines orangeroten Feststoffs ausfällt, wobei sich die Reaktionslösung fast vollständig entfärbt (Abbildung 58). Die Röntgenfluoreszenzanalyse des Festoffes ergab ein Germanium zu Silber-Verhältnis von 12,78:1. Dies entspricht beinahe dem Wer von 12:1 welches für das gewünschte Produkt $\{Ag_3Ge_{36}(Si(SiMe_3)_3)_{12}\}^-$ erwartet wird. Da der Feststoff jedoch auch in anderen inerten Lösemitteln wie zum Beispiel Toluol, Acetonitril, DMF etc. unlöslich ist, scheint die Syntheseroute zu größeren Aggregaten blockiert. Daher ist es nötig eine alternative Route zu finden, die zu besser löslichen Verbindungen führt.

2. $[Si(SiMe_3)_3]_6Ge_{18}M$ (M=Zn, Cd, Hg): Neutrale metalloide Clusterverbindungen des Germaniums als sehr gut lösliche Bausteine zum Aufbau größerer Aggregate.

In Anbetracht der Tatsache, dass es sich sowohl bei dem Ge_9-Cluster als auch bei den mit Kupfer, Silber und Gold verknüpften Folgeverbindungen um ionische Spezies handelt, stellte sich die Frage, welches Löslichkeitsverhalten ungeladene Verbindungen aufweisen. Eine Möglichkeit um neutrale Verbindungen der Formel $Ge_{18}M[Si(SiMe_3)_3]_6$ zu erhalten, wäre die Oxidation der anionischen Clusterverbindungen. Dies führt jedoch zu reaktiveren radikalischen Verbindungen, welche unerwünschte Nebenreaktionskanäle öffnen könnten. Eine weniger drastische Möglichkeit um zu den gewünschten neutralen Clusterverbindungen zu gelangen ist es, an Stelle der einfach positiv geladenen

Metallionen der 11. Gruppe zweifach positiv geladene Metalle zu verwenden. Hierzu bieten sich die Elemente der 12. Gruppe an, deren Chloride MCl_2 (M=Zn, Cd, Hg) zum einen leicht zugänglich und zum anderen gut bis mäßig in Tetrahydrofuran löslich sind.

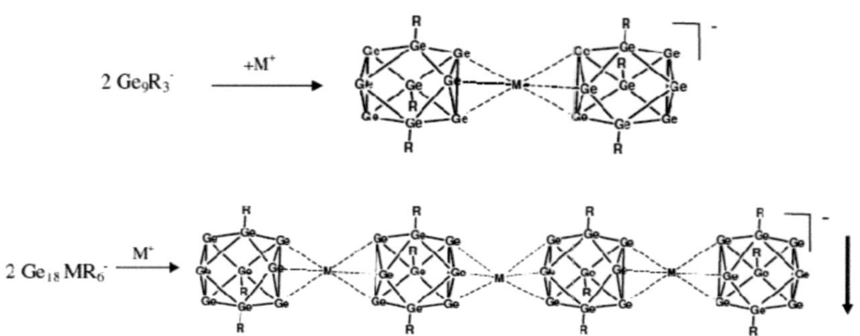

Abbildung 58: Schematische Darstellung der Bildung von größeren Clusterverbindungen durch die Reaktion der anionischen metalloiden Clusterverbindung **1** mit Übergangsmetallkationen (M = Cu, Ag, Au).

In einer ersten Reaktion werden ein Äquivalent Quecksilberdichlorid mit zwei Äquivalenten der metalloiden Clusterverbindung $\{Ge_9(Si(SiMe_3)_3)_3\}^-$ **1** in Tetrahydrofuran umgesetzt. Dabei kann eine Farbveränderung der Reaktionslösung von orange nach rotbraun beobachtet werden. Zudem ist das Ausfallen eines weißen Feststoffes (LiCl) aus der Reaktionslösung zu beobachten, ein Anzeichen dafür, dass die gewünschte Metathesereaktion abgelaufen ist. Nach Entfernen des Lösemittels im Vakuum bleibt ein rotes Öl zurück, welches mit Pentan wieder in Lösung gebracht werden kann. Aus dieser Pentanlösung können dunkelrote Kristalle des erwünschten Produktes $Ge_{18}Hg[Si(SiMe_3)_3]_6$ **51a** mit einer Ausbeute von 63% erhalten werden. Diese Kristalle können in Pentan wieder aufgelöst und erneut kristallisiert werden. Dies zeigt, dass **51a** tatsächlich eine extrem erhöhte Löslichkeit im Vergleich zu den ionischen Verbindungen $Ge_{18}MR_6^-$ (M = Cu, Ag, Au; R = $Si(SiMe_3)_3$) besitzt, welche nur mäßig in Tetrahydrofuran löslich sind. Die durch Röntgen-

Einkristallstrukturanalyse bestimmte Molekülstruktur von Ge$_{18}$Hg[Si(SiMe$_3$)$_3$]$_6$ **51a** ist in Abbildung 59 zu sehen. So kann **51a** als zwei Ge$_9$[Si(SiMe$_3$)$_3$]$_3$-Einheiten beschrieben werden, die durch ein zentrales Quecksilberatom miteinander verbunden sind.

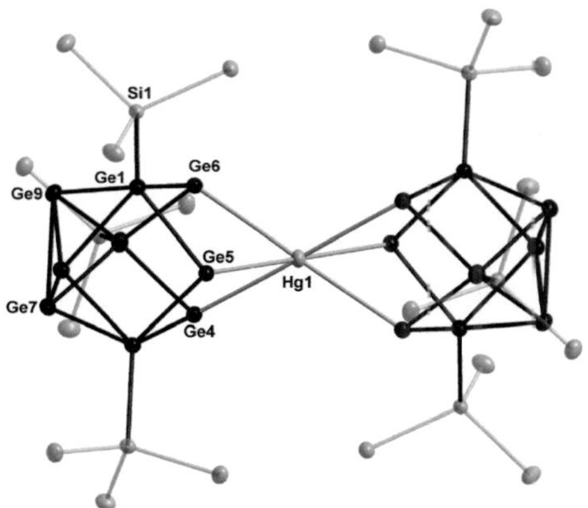

Abbildung 59: Molekülstruktur von Ge$_{18}$Hg[Si(SiMe$_3$)$_3$]$_6$ **51a** (ohne Methylgruppen). Schwingungsellipsoide mit 25% Wahrscheinlichkeit. Ausgesuchte Bindungslängen (pm) und Winkel (°): Hg1–Ge4 282,73(8), Hg1–Ge5 286,33(8), Hg1–Ge6 289,74(9), Ge4–Ge5 295,45(9), Ge4–Ge6 298,05(9), Ge5–Ge6 303,70(9), Ge6 Ge1 250,16(10), Ge1–Ge9 256,33(10), Ge9–Ge7 263,44(10), Ge1–Si1 238,34(16); Ge4–Hg1–Ge6 62.731(18), Ge4–Ge5–Ge6 59.65(1), Ge6–Ge1–Ge9 79.45(3).

Wie bereits bei den anionischen Verbindungen mit Kupfer, Silber und Gold beobachtet, führt ein zentrales, an zwei Ge$_9$[Si(SiMe$_3$)$_3$]$_3$-Einheiten η^3-gebundenes Übergangsmetallatom zu einer starken Verzerrung der Anordnung der neun Germaniumatome, im Vergleich zur anionischen Ausgangsverbindung **1**. So beträgt der Abstand zwischen den an das Quecksilberatom gebundenen Germaniumatomen 299 pm und ist damit deutlich größer im Vergleich zu dem Germanium-Germanium-Abstand von 268 pm in **1**.[10] Des Weiteren sind die zwei Ge$_9$[Si(SiMe$_3$)$_3$]$_3$-Einheiten in einer gestaffelten Konformation angeordnet, so dass die sperrigen [Si(SiMe$_3$)$_3$]-Einheiten ineinander verzahnt sind und das zentrale Quecksilberatom vollständig abschirmen. Dabei sind die sechs an das zentrale Quecksilberatom gebundenen Germaniumatome in Form eines trigonalen Antiprismas angeordnet. Vergleicht man dieses Ergebnis mit anderen Verbindungen, in denen Quecksilberatome an eine Germaniumclusterverbindung gebunden sind, wie zum Beispiel das anionische Polymer $_\infty[\mathrm{HgGe_9}]^{2-}$ **52**,[111] sowie die anionische Verbindung $[\mathrm{Hg_3(Ge_9)_4}]^{10-}$ **53**,[112] welche aus Reaktionen des Zintlanions $\mathrm{Ge_9}^{4-}$ mit elementarem Quecksilber und $\mathrm{Hg(C_6H_5)_2}$ erhalten werden können, so zeigen sich signifikante Unterschiede. So ist die Anordnung der Germaniumatome innerhalb der $\mathrm{Ge_9}$-Einheiten von $_\infty[\mathrm{HgGe_9}]^{2-}$ und $[\mathrm{Hg_3(Ge_9)_4}]^{10-}$ im Bezug auf die Ausgangsverbindung, dem Zintlion $\mathrm{Ge_9}^{4-}$, nahezu unverändert. Dies deutet darauf hin, dass die Bindung zu dem Quecksilberatom keinen nennenswerten Effekt auf die Bindungssituation innerhalb der $\mathrm{Ge_9}$-Einheiten hat. Im Falle der Verbindung $\mathrm{Ge_{18}Hg[Si(SiMe_3)_3]_6}$ **51a** verhält sich dies anders. Hier führt das Koordinieren der $\mathrm{Ge_9}$-Einheiten an das Quecksilberatom zu der oben bereits erwähnten Aufweitung der Germanium-Germanium-Bindung von 268 pm in der Ausgangsverbindung **1** auf 299 pm in **51a**. Zudem gibt es Unterschiede in den Bindungslängen der Germanium-Quecksilber-Kontakte. So findet man in $_\infty[\mathrm{HgGe_9}]^{2-}$ **52** zwei kurze Germanium-Übergangsmetall-Abstände (254 pm bzw. 261 pm) sowie zwei lange Germanium-Quecksilber-Kontakte (312 pm bzw. 305 pm). Auch in $[\mathrm{Hg_3(Ge_9)_4}]^{10-}$ findet man mit 257, 261 und 276 pm kurze und mit 291 bzw. 318 pm lange Germanium-Quecksilber-Kontakte. Die Bindungsabstände der kurzen Germanium-Quecksilber-Abstände liegen somit im Bereich normaler Germanium-Quecksilber-Einfachbindungen.[113] Im Gegensatz dazu sind die sechs Germanium-Quecksilber-Bindungen in **51a** mit 283-290 pm vergleichbar lang. Die längeren Bindungen in **51a** im Vergleich zu **52** und **53** können auf die für das zentrale Quecksilberatom hohe Koordinationszahl von sechs zurückgeführt werden. Dies zeigt, dass das Quecksilberatom bei der Verbindung $\mathrm{Ge_{18}Hg[Si(SiMe_3)_3]_6}$ **51a** als Teil des

Clusters gesehen werden kann, was im Falle der anionischen Zintlverbindungen nicht zutrifft. Hier sind die Quecksilberatome besser als verbindende Elemente zu beschreiben, welche die Ge_9-Einheiten über 2c-2e-Bindungen verknüpfen. Diese Annahme wird weiter durch erste theoretische Betrachtungen der Modellverbindung $HgGe_{18}H_6$ **54a**, in der die Hypersilylliganden ($Si(SiMe_3)_3$) durch Wasserstoffatome ersetzt wurden, und für die eine ähnliche strukturelle Anordnung des $HgGe_{18}$-Clusterkerns berechnet wird untermauert. Untersuchung der Bindungssituation von **54a** mit Hilfe der Ahlrichs-Heinzmann-Populations-Analyse ergibt für die Bindung zwischen dem Quecksilber und den Germaniumatomen hohe SEN (shared electron number) sowohl für die Zweizentren- als auch Mehrzentrenbindungsanteile. Dieses Ergebnis zeigt, dass das Quecksilberatom zentraler Bestandteil des Clustersystems ist, wie es auch bei den analogen Verbindungen mit Kupfer, Silber und Gold der Fall war. Zusätzlich steht die berechnete Oxidationsstufe für das zentrale Quecksilberatom der Modellverbindung $HgGe_{18}H_5$ **54a** von -0,11 im Gegensatz zu den Ergebnissen bei den Zintlverbindungen **52** und **53**, bei denen ein Hg^{2+}-Ion angenommen wird was zu nido-Ge_9-Einheiten führt. Da die Reaktion von $HgCl_2$ mit $\{Ge_9[Si(SiMe_3)_3]_3\}^-$ **1** stattfindet und um eine vollständige Reihe mit Gruppe 12 Verbindungen zu erhalten wurden weitere Reaktionen mit $CdCl_2$ und $ZnCl_2$ durchgeführt, die zu den entsprechenden Verbindungen $CdGe_{18}(Si(SiMe_3)_3)_6$ **51b** bzw. $ZnGe_{18}(Si(SiMe_3)_3)_6$ **51c** mit 48 bzw. 87% Ausbeute führt. Die vergleichsweise geringe Ausbeute bei der Cadmiumverbindung ist die Folge der schlechteren Löslichkeit von $CdCl_2$ in Tetrahydrofuran. Die Molekülstrukturen von **51b** und **51c** zeigen die selben strukturellen Gegebenheiten wie in der Quecksilberverbindung **51a**. Wieder sind die beiden $Ge_9[Si(SiMe_3)_3]_3$-Einheiten in einer gestaffelten Konformation an ein zentrales Gruppe 12 Metallatom gebunden, woraus wiederum eine Koordinationszahl von sechs für das jeweilige zentrale Metallatom Cadmium oder Zink resultiert.

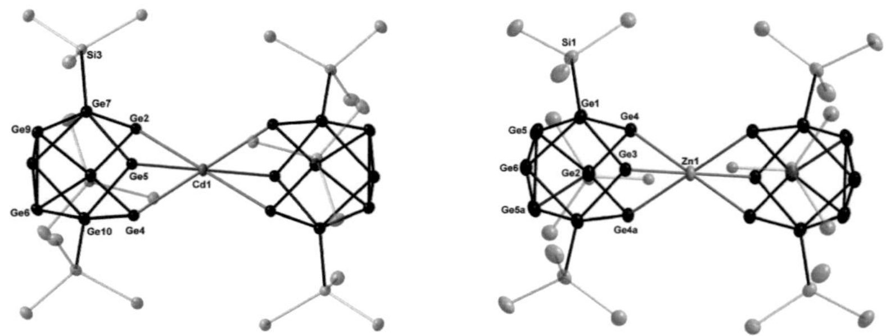

Abbildung 60: Molekülstrukturen von $Ge_{18}Cd[Si(SiMe_3)_3]_6$ **51b** (links) und $Ge_{18}Zn[Si(SiMe_3)_3]_6$ **51c** (rechts) (ohne Methylgruppen). Schwingungsellipsoide mit 25% Wahrscheinlichkeit. Ausgesuchte Bindungslängen (pm) und Winkel (°): Ge2-Cd1: 287,20(7); Ge4-Cd1: 290,04(8); Ge2-Ge4: 296,5(1); Ge4-Ge5: 291,7(1); Ge2-Ge7: 249,15(8); Ge7-Ge9: 256,52(8); Ge9-Ge6: 265,96(9); Ge7-Si3: 237,29(14); Ge4-Cd1-Ge2: 61.813(9); Ge4-Ge2-Ge5: 59.64(1); Ge2-Ge7-Ge9: 81.25(2); 7: Ge3-Zn1: 268,07(13); Ge4-Zn1: 271,52(6); Ge4-Ge3: 286,75(8); Ge4-Ge4a: 294,70(8); Ge4-Ge1: 250,69(11); Ge1-Ge5: 256,22(8); Ge5-Ge6: 262,91(9); Ge5-Ge5a: 267,65(13); Ge1-Si1: 238,10(14); Ge4-Zn1-Ge4a: 65.74(2); Ge4-Ge3-Ge4a: 61.85(1); Ge4-Ge1-Ge5: 78.97(3).

Wiederum steht dies im starken Gegensatz zur Chemie der Zintlionen, bei denen die Reaktion von E_9^{4-}-Zintlionen (E = Ge, Sn) mit Diphenylzink oder Diphenylcadmium lediglich zu anionischen Verbindungen der Formel E_9MPh^{3-} führen, welche strukturell am besten als zweifach überkappte, quadratisch antiprismatische Anordnung von zehn Atomen beschrieben werden können, wobei ein überkappendes Atom das Gruppe 12 Metallatom ist, welches zusätzlich einen Liganden trägt.[14] Durch die geringere Koordinatonszahl des Gruppe 12 Atoms werden dabei kürzere Germanium-Metall-Bindungen ausgebildet. So sind zum Beispiel die Germanium-Zink-Abstände in den Verbindungen $[Ge_9ZnR]^{3-}$ (R = Ph, 2,4,6-$Me_3C_6H_2$, ^iPr) 260 pm lang, wohingegen die Germanium-Zink-Abstände in der Clusterverbindung $ZnGe_{18}(Si(SiMe_3)_3)_6$ **51c** einen durchschnittlichen Wert von 270 pm haben. Um alle $Ge_{18}M$-Verbindungen (M = Cu, Ag, Au, Zn, Cd, Hg) vergleichen zu können

118

wurden quantenchemische Rechnungen an den noch fehlenden Modellverbindungen $MGe_{18}H_6$ (M = Cd, Zn) durchgeführt, für die wiederum eine annähernd gleiche strukturelle Anordnung des $Ge_{18}M$-Kerns berechnet wird, wie sie mit Hilfe von Röntgen-Kristallstrukturanalyse für $CdGe_{18}(Si(SiMe_3)_3)_6$ **51b** und $ZnGe_{18}(Si(SiMe_3)_3)_6$ **51c** bestimmt wurde. Alle berechneten Germanium-Metall-Bindungslängen, SENs und Formalladungen der zentralen Metallatome sind in Tabelle 2 aufgelistet und zeigen ähnliche Trends.

Tabelle 2: Vergleich der berechneten Bindungsparameter der anionischen Modellverbindungen $MGe_{18}H_6^-$ (M = Cu **54f**, Ag **54e**, Au **54d**) und der neutralen Modellverbindungen $MGe_{18}H_6$ (M = Zn **54c**, Cd **54b**, Hg **54a**).

	2c-SEN Ge-M a	2c-SEN Ge-Ge b	3c-SEN Ge c	3c-SEN Ge d	4c SEN Ge-M e	d(Ge-Ge)/pm b	d(Ge-M)/pm a	$\delta(M)$
54d (M = Au)	0.62	0.66	0.22	0.33	0.15	310	274	-0.61
54e (M = Ag)	0.31	0.67	0.22	0.33	0.08	301	277	+0.34
54f (M = Cu)	0.62	0.64	0.20	0.33	0.13	297	257	-0.29
54a (M =Hg)	0.53	0.56	0.17	0.32	0.10	315	292	-0.11
54b (M = Cd)	0.52	0.69	0.23	0.32	0.14	308	288	+0.02
54c (M = Zn)	0.59	0.66	0.21	0.32	0.11	304	269	+0.45

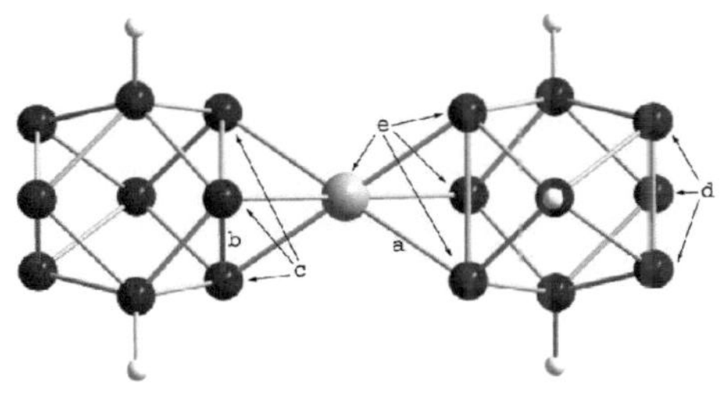

So vergrößern sich beispielsweise die Germanium-Metall-Abstände von $HgGe_{18}(Si(SiMe_3)_3)_6$ **51a** über $CdGe_{18}(Si(SiMe_3)_3)_6$ **51b** zu $ZnGe_{18}(Si(SiMe_3)_3)_6$ **51c**, was den Trend der Ionenradien wiederspiegelt.[114] Obwohl bei

Koordinationszahl sechs der Ionenradius von Cu^+ mit 91 pm größer ist, als der Ionenradius von Zn^{2+} mit 88 pm, ist die durchschnittliche Länge der Germanium-Kupfer-Abstände mit 257 pm kleiner als diejenige der Germanium-Zink-Abstände mit 269 pm. Derselbe Trend kann bei den Gold/Quecksilber- und den Silber/Cadmium-Paaren beobachtet werden. Dieser Unterschied beruht höchst wahrscheinlich auf der Tatsache, dass es sich bei den Gruppe 11 Verbindungen um eine anionische Spezies und bei den Gruppe 12 Verbindungen um Neutralspezies handelt. Dies führt zu unterschiedlichen Formalladungen bei dem jeweiligen zentralen Metallatom, wie die berechneten Formalladungen der Modellverbindungen $MGe_{18}H_6$ (M = Cu **54f**, Ag **54e**, Au **54d**, Zn **54c**, Cd **54b**, Hg **54a**) zeigen, die im Falle der anionischen Verbindungen negativer sind als die der Neutralverbindungen. Da die Formalladungen der zentralen Metallatome von Quecksilber (-0,11) über Cadmium (+0,02) zu Zink (+0,45) immer positiver werden, müssen sich folglich die Formalladungen von $Ge_{18}R_6$ auch entsprechend ändern und negativer werden. Dieser Trend kann auch experimentell anhand der ^{29}Si-NMR-Spektren der Verbindungen $HgGe_{18}(Si(SiMe_3)_3)_6$ **51a**, $CdGe_{18}(Si(SiMe_3)_3)_6$ **51b** und $ZnGe_{18}(Si(SiMe_3)_3)_6$ **51c** beobachtet werden. Dabei ändert sich die Signallage des direkt an ein Germaniumatom gebundenen Siliciumatoms von -102,5 ppm bei der Quecksilberverbindung bis hin zu -108,06 ppm bei der Zinkverbindung und nähert sich somit dem Wert der anionischen Ausgangsverbindung **1** von -108,19 ppm an. Somit untermauern die NMR-Daten die Ergebnisse der quantenchemischen Rechnungen. Da in allen berechneten $MGe_{18}(Si(SiMe_3)_3)_6$-Verbindungen große Mehrzentrenbindungsanteile berechnet wurden, kann von einer vergleichbaren Bindungssituation in allen Verbindungen ausgegangen werden. Konsequenterweise können daher auch die Neutralverbindungen als passende Bausteine für weitere Aufbaureaktionen hin zu molekularen Kabeln gesehen werden, ein Aspekt, der auch auf dem Titelbild von Dalton Transactions hervorgehoben wurde (Abbildung 79 Abschnitt E). Eine zusätzliche

Voraussetzung für weitere Aufbaureaktionen ist auch erfüllt. So sind auch bei **51a-c** Dreiringe, bestehend aus „nackten" Germaniumatomen leicht zugänglich, was bei der Betrachtung der Kallottenmodelle (Abbildung 61) deutlich wird.

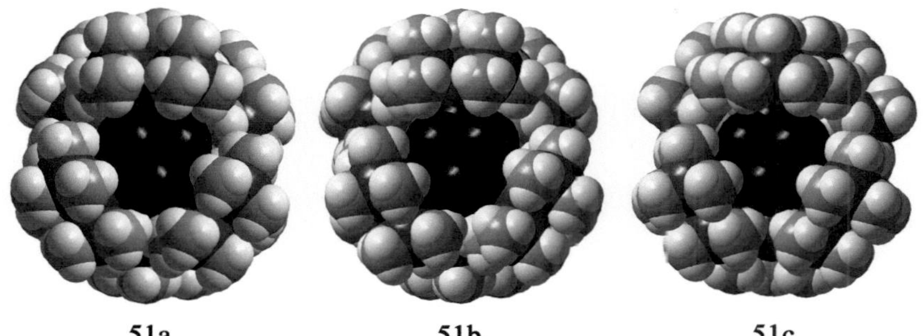

51a   **51b**   **51c**

Abbildung 61: Kalottenmodelle der Clusterverbindungen $MGe_{18}(Si(SiMe_3)_3$ (M = Hg **51a** (links), Cd **51b** (mitte), Zn **51c** (rechts)).

Um weitere Aufbaureaktionen durchführen zu können und somit zu größeren Verbindungen des Typs $[M_3Ge_{36}(Si(SiMe_3)_3)_{12}]$ zu gelangen, stellte sich die Frage nach geeigneten Reagenzien. Aufgrund der extrem schlechten Löslichkeit der ionischen Silberverbindung $\{Ag_3Ge_{36}(Si(SiMe_3)_3)_{12}\}^-$ lag die Vermutung nahe, dass auch im Falle der größeren Aggregate der Weg zu neutralen Zielverbindungen derjenige mit den besten Erfolgsaussichten ist. Um derartige ungeladenen Verbindungen durch Verknüpfung zweier neutraler $MGe_{18}(Si(SiMe_3)_3)_6$-Einheiten (M = Zn **51c**, Cd **51b**, Hg **51a**) zu erhalten, werden folglich Reagenzien benötigt, bei denen das Metallatom ebenfalls ungeladen ist. Hierzu bieten sich die Verbindungen der Münzmetalle wie z.B. $Ni(COD)_2$ (COD = Cyclooktadien) oder $Pt(PPh_3)_4$ bzw. $Pd(PPh_3)_4$ an. In einem Vorversuch wurde dabei die Ursprungsverbindung $\{Ge_9[Si(SiMe_3)_3]_3\}^-$ **1** mit $Pt(PPh_3)_4$ in THF umgesetzt um mit Hilfe von ^{31}P-NMR und Massenspektrometrie (ESI-Methode) festzustellen ob eine Verknüpfungsreaktion zu der dianionischen Verbindung $\{PtGe_{18}[Si(SiMe_3)_3]_6\}^{2-}$ **55** stattfindet.

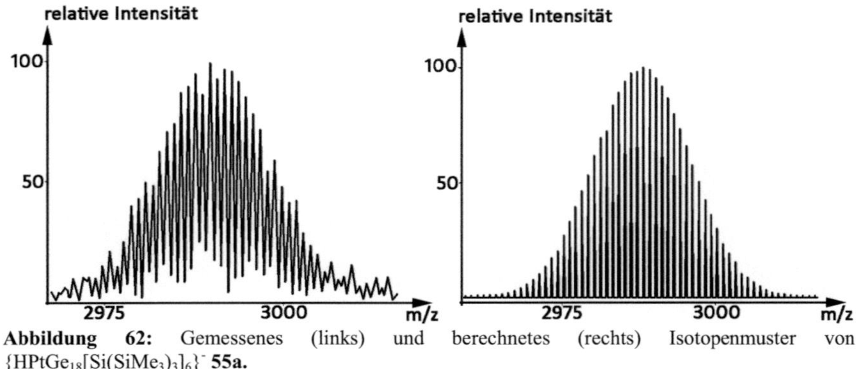

Abbildung 62: Gemessenes (links) und berechnetes (rechts) Isotopenmuster von $\{HPtGe_{18}[Si(SiMe_3)_3]_6\}^-$ **55a.**

In der Tat konnte neben der Verfärbung der Reaktionslösung von orange nach schwarz an Hand der ^{31}P-NMR-Spektren die Freisetzung von freiem PPh_3 im Laufe der Reaktion beobachtet werden und auch die einfach protonierte Form **55a** der gewünschten Verbindung **55** konnte massenspektrometrisch nachgewiesen werden (Abbildung 62). Auch hier wurde die entsprechende Modellverbindung $\{PtGe_{18}H_6\}^{2-}$ **56** berechnet. Mit einer berechneten Ladung von $\delta M = -1{,}04$ trägt das Platinatom im Vergleich zu den anderen Metallen (Cu, Ag, Au, Zn, Cd, Hg) die größte negative Ladung. Allerdings liegt die Ladungsänderung von ursprünglich Null im Bereich des Durchschnittswerts der betrachteten Verbindungen. Zudem weist die Modellverbindung **56** mit 0,16 den größten Wert bei den 4-Zentren-SEN (**e** siehe Tabelle 2) auf. Dies gilt ebenso für die 2-Zenten-SEN (**a**) mit einem Wert von 0,69. Die Werte der 3-Zentren-SEN`s (**c, d**) entsprechen denen der anderen Modellverbindungen.Nach diesem erfolgreichen Vorversuch wurde im nächsten Schritt die Verbindung $ZnGe_{18}(Si(SiMe_3)_3)_6$ mit $Pt(PPh_3)_4$ im Verhältnis 2:1,1 in Toluol umgesetzt. Erst nach Erhitzen auf 80°C über mehrere Tage war eine Verfärbung der Reaktionslösung von orangerot nach dunkelbraun zu erkennen. Mit Hilfe von ^{31}P-NMR-Spektren (Abbildung 63) konnte erneut die Freisetzung von PPh_3 beobachtet werden. Da die Zielverbindung jedoch ungeladen ist schieden ESI-Massenspektren als Detektionsmethode aus.

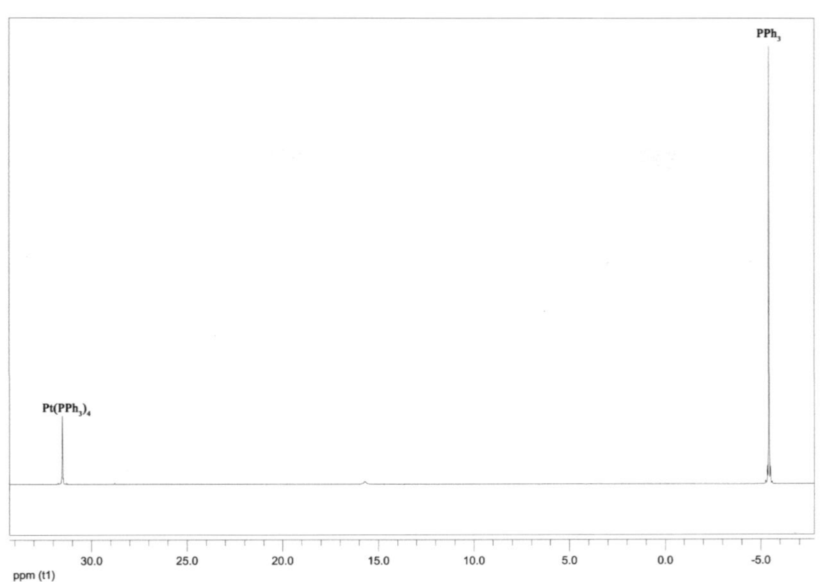

Abbildung 63: $^{31}P\{^{1}H\}$-NMR Spektrum der Reaktionslösung. Ein Großteil der Eduktverbindung $Pt(PPh_3)_4$ wurde verbraucht, dabei wird PPh_3 frei.

Nach Entfernen des Lösemittels Toluol konnte durch Waschen des Rückstandes mit Pentan das freigesetzte PPh_3 und geringe Mengen der Ausgangsverbindung $ZnGe_{18}(Si(SiMe_3)_3)_6$ **51c** entfernt werden. Zurück blieb ein schwarzer amorpher Feststoff, dessen Zusammensetzung laut EDX-Analyse ein Verhältnis von Platin zu Zink von ca. 1:1 ergab. Dies deutet darauf hin, dass die gewünschte Verknüpfungsreaktion stattgefunden hat, jedoch nicht auf der Stufe der Verbindung $Pt[ZnGe_{18}(Si(SiMe_3)_3)_6]_2$ stehen geblieben ist, sondern bereits in Richtung größerer Aggregate weiter gelaufen ist, da erst bei deutlich größeren Aggregaten ein Zn:Pt-Verhältnis von 1:1 angenähert wird. Auf diese Weise lässt sich auch das Isolieren von großer Mengen (ca. 17%) an nicht umgesetztem Edukt $ZnGe_{18}(Si(SiMe_3)_3)_6$ erklären (Abbildung 64). Eine weitere Möglichkeit die zu einem 1:1 Verhältnis von Zn:Pt führt ist die Verbindung $Pt[ZnGe_{18}R_6]$, bei der das Platinatom an einen Ge_3-Dreiring der $[ZnGe_{18}R_6]$-Einheit gebunden ist. Beide Möglichkeiten passen zu dem über EDX-Analyse erhaltenen Zn:Pt-

Verhältnis und deuten darauf hin, dass weitere Aufbaureaktionen mit **51a-c** möglich sind. Außerdem eröffnet sich hier für zukünftige Reaktionen der Weg zu Verbindungen, in denen verschiedene Übergangsmetallatome geometrisch und möglicherweise auch elektronisch über $\{Ge_9(Si(SiMe_3)_3)_3\}^-$-Einheiten verknüpft sind.

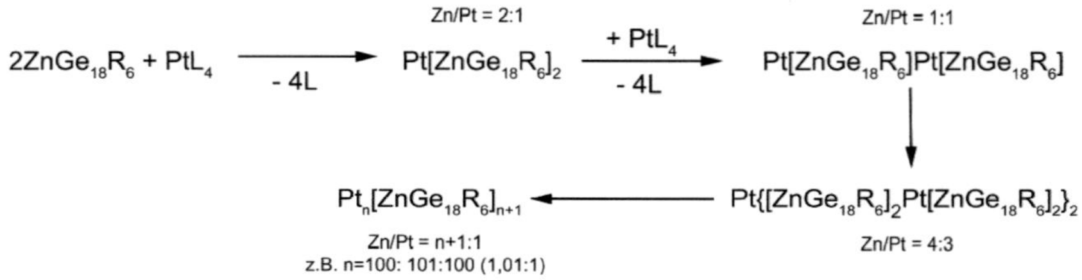

$$2ZnGe_{18}R_6 + PtL_4 \quad \xrightarrow[-\,4L]{} \quad Pt[ZnGe_{18}R_6]_2 \quad \xrightarrow[-\,4L]{+\,PtL_4} \quad Pt[ZnGe_{18}R_6]Pt[ZnGe_{18}R_6]$$

Zn/Pt = 2:1   Zn/Pt = 1:1

$$Pt_n[ZnGe_{18}R_6]_{n+1} \quad \xleftarrow{\hspace{3cm}} \quad Pt\{[ZnGe_{18}R_6]_2Pt[ZnGe_{18}R_6]_2\}_2$$

Zn/Pt = n+1:1
z.B. n=100: 101:100 (1,01:1)   Zn/Pt = 4:3

Abbildung 64: Schema zur Bildung von immer größer werdenden Clusterverbindungen durch Verknüpfung von $Ge_{18}Zn[Si(SiMe_3)_3]_6$ **51c** mit PtL_4 (L = PPh_3) mit Angabe der resultierenden Verhältnisse Zn/Pt.

II. Clustererweiterung

1. Einleitung

Durch die erfolgreiche Verknüpfung zweier Ge_9-Clustereinheiten mit Hilfe von Kationen der Gruppe XI und XII ermutigt, wurde ein genauerer Blick auf die Koordinationschemie der Clusterverbindung $Ge_9(Si(SiMe_3)_3)_3^-$ **1** geworfen. Die ersten Ergebnisse zeigen, dass **1** flexibel sowohl als sterisch anspruchsvoller Ligand als auch als elektronisch stabilisierender Ligand genutzt werden kann. So führte die Reaktion von **1** mit $Cr(CO)_5(COE)$ (COE = Cyclookten) zu $[(CO)_5CrGe_9(Si(SiMe_3)_3)_3]^-$ **57**,[78] dessen Struktur am besten als einfach überkappte quadratisch prismatische Anordnung von neun Germaniumatomen beschrieben werden kann, d.h. es hat eine starke Verzerrung der ursprünglichen Struktur der Ausgangsverbindung **1** stattgefunden. In Gasphasenexperimenten gelang es, ausgehend von **57** über Stoßexperimente (SORI-CAD) zwei Carbonylgruppen zu entfernen und die Clusterverbindung $[(CO)_3CrGe_9(Si(SiMe_3)_3)_3]^-$ **58a** zu erhalten, welche auch auf direktem Wege durch Umsetzung von **1** mit $(CH_3CN)_3Cr(CO)_3$ in Tetrahydrofuran erhalten werden kann. Das Fehlen von zwei Carbonylgruppen hat dabei wiederum schwerwiegende strukturelle Konsequenzen und führt zu einer Struktur, die am besten als zweifach überkapptes tetragonales Antiprisma des Ge_9Cr-Kerns beschrieben werden kann. Das Chromatom ist dabei in den Clusterkern integriert, d.h. es hat eine Clustererweiterung stattgefunden und nicht nur eine Koordination des $Cr(CO)_3$–Fragments an eine Germaniumdreiecksfläche von **1**. Dieses Verhalten steht im starken Gegensatz zu dem bei den $\{MGe_{18}(Si(SiMe_3)_3)_6\}^{n-}$-Verbindungen (M = Cu **2c**, Ag **2b**, Au **2a**, Zn **51c**, Cd **51b**, Hg **51a**; n = 0, 1) in denen das Übergangsmetall über die Ge_3-Einheit der nackten Germaniumatome gebunden ist. Im Rahmen dieser Arbeit wurden weitere Umsetzungen von **1** mit Carbonylverbindungen der Elemente der

Gruppe XI der Zusammensetzung L$_3$M(CO)$_3$ (L = CH$_3$CN, CH$_3$CH$_2$CN; M = Mo, W) durchgeführt. Die Ergebnisse dieser Umsetzungen werden im Folgenden vorgestellt.

2. Ergebnisse und Diskussion

Wie auch im Falle der Chromverbindung führte die Umsetzung einer THF-Lösung von **1** mit dem Molybdän- und Wolframreagenz ((CH$_3$CH$_2$CN)$_3$Mo(CO)$_3$ und (CH$_3$CN)$_3$W(CO)$_3$) zu einer Verfärbung der Reaktionslösung von orange zu dunkelrot. Nach Aufarbeiten der Reaktionslösung konnten dunkelrote Kristalle der Verbindung [(CO)$_3$MoGe$_9$(Si(SiMe$_3$)$_3$)$_3$]$^-$ **58b** erhalten werden, wobei das Gegenkation Li$^+$ an eine Carbonylgruppe koordiniert und mit drei THF-Molekülen abgesättigt ist. Dieser Befund steht im Gegensatz zur Chromverbindung **58a**, welche in Form zweier Ge$_9$Cr-Einheiten, die über zwei Li(THF)$_2^+$ Brücken miteinander verbunden sind, kristallisiert. Die Molekülstruktur von [(CO)$_3$MoGe$_9$(Si(SiMe$_3$)$_3$)$_3$]$^-$Li(THF)$_3^+$ ist in Abbildung 65 dargestellt.

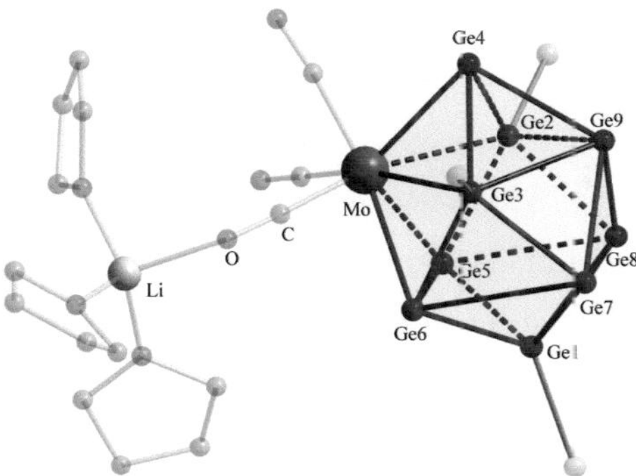

Abbildung 65: Molekülstruktur von **58b.** Die Ge₄-Ringe der quadratisch-antiprismatischen Anordnung sind schwarz hervorgehoben. Die quadratisch-antiprismatische Anordnung der neun Germaniumatome ist durch eine Polyederdarstellung hervorgehoben.

Wie auch bei der Chromverbindung **58a** ist das Übergangsmetallatom in die Clusterstruktur integriert und die Anordnung der Ge₉Mo-Einheit kann am besten als zweifach überkapptes quadratisches Antiprisma beschrieben werden. Das Molybdänatom hat die Ge₃-Einheit der „nackten" Germaniumatome (Ge4, Ge5, Ge6) aufgespalten und weitere Germanium-Molybdänbindungen ausgebildet. Die Germanium-Molybdän-Abstände variieren von 272 pm bis 282 pm. Der Germanium-Germanium-Abstand zu dem ligandtragenden, überkappenden Germaniumatom (Ge1) ist mit durchschnittlich 251,5 pm vergleichbar groß zu dem, in der Chromverbindung (252 pm). Die Abstände zwischen den Germaniumatomen im Ge₄-Viereck (Ge5, Ge6, Ge7, Ge8) variieren zwischen 282 pm und 315 pm und zeigen somit eine geringere Varianz als in der Chromverbindung **58a,** in der Germanium-Germanium-Abstände zwischen 274 pm und 319 pm gefunden werden. In der Ge₃Mo-Einheit wird weiterhin keine rechteckige Anordnung sondern, wie auch bei der Chromverbindung eine Rautenform mit Molybdän-Germanium-Abständen von 281 pm, Germanium-Germanium-Abständen von 272 pm und Winkeln von 77,5° und 101,5° gefunden. Daraus folgen konsequenterweise zwei unterschiedliche

Bindungslängen zu dem überkappenden Germaniumatom (Ge4) von 253 pm (Ge4-Ge2: 252,4 pm; Ge4-Ge3: 253,6 pm) und 273 pm (Ge4-Ge9: 271,2 pm; Ge4-Mo: 274,1 pm). Im Gegensatz zu den entsprechenden Chrom- **58a** und Molybdänverbindungen **58b** konnte die Verbindung $[(CO)_3WGe_9(Si(SiMe_3)_3)_3]^-$ **58c** nicht direkt nach Aufarbeitung in kristalliner Form erhalten werden. NMR- und Massenspektren zeigten jedoch eindeutig, dass die gewünschte Verbindung gebildet wurde (Abbildung 66).

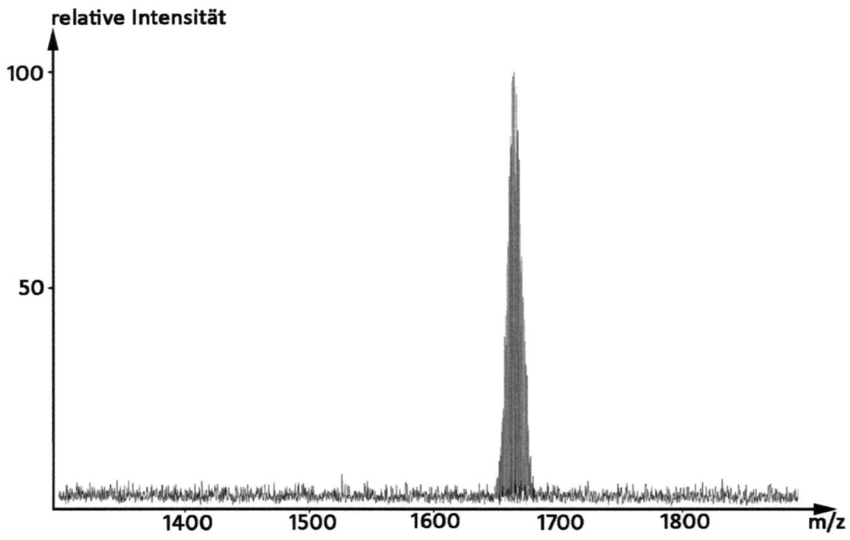

Abbildung 66: Massenspektrum der Reaktionslösung. Eindeutig zu erkennen ist das Signal von **58c**.

Durch die unterschiedlichen Anordnungen der Chrom- bzw. Molybdänverbindung im Kristall mit zwei bzw. drei THF-Molekülen, koordiniert an das Lithiumkation, lag die Vermutung nahe, dass in Lösung ein Gleichgewicht zwischen diesen unterschiedlichen Verbindungen vorliegt, wobei im Falle des Chroms und des Molybdäns jeweils eine Form bevorzugt ist, so dass diese auskristallisieren kann. Im Falle der Wolframverbindung **58c** scheint jedoch keine dieser Formen bevorzugt und ein dynamisches Gleichgewicht

128

vorzuliegen, was eine Erklärung für das schlechte Kristallisationsverhalten ist. Um **58c** trotzdem zur Kristallisation zu bringen, muss das Gleichgewicht gestört werden, weshalb dem Pentanextrakt zur Komplexierung des Lithiumkations eine geringe Menge TMEDA (Tetramethylethylendiamin) zugesetzt wurde. Dies führt zur Kristallisation von $[(CO)_3WGe_9(Si(SiMe_3)_3)_3]^-[Li(TMEDA)_2]^+$ **58c,** dessen Molekülstruktur in Abbildung 67 gezeigt ist und das mit $Li(TMEDA)_2^+$ in Form roter Kristalle erhalten wird, d.h. das Lithiumkation ist jetzt vollständig von der Clusterverbindung separiert. Dies untermauert die Theorie, dass in Lösung ein dynamisches Gleichgewicht von unterschiedlichen THF-Solvaten vorliegt. Auch in **58c** wird die Ge_3-Einheit der „nackten" Germaniumatome (Ge4, Ge5, Ge6) aufgespalten und das Wolframatom insertiert unter Ausbildung weiterer Germanium-Wolframbindungen zu zwei ligandtragenden Germaniumatomen (Ge2, Ge3) in den Germaniumkäfig. Dabei liegen die Germanium-Wolframabstände zwischen 272 pm und 282 pm. Dies führt wie im Falle der Chrom- **58a** bzw. Molybdänverbindung **58b** zu einer Anordnung des Ge_9W-Kerns in Form eines zweifach überkappten quadratischen Antiprismas. In dem Ge_4-Viereck (Ge5, Ge6, Ge7, Ge8) variieren die Germanium-Germanium-Abstände jetzt zwischen 281 pm und 317 pm, d.h. die Varianz liegt zwischen derjenigen der Chrom- und Molybdänverbindung.

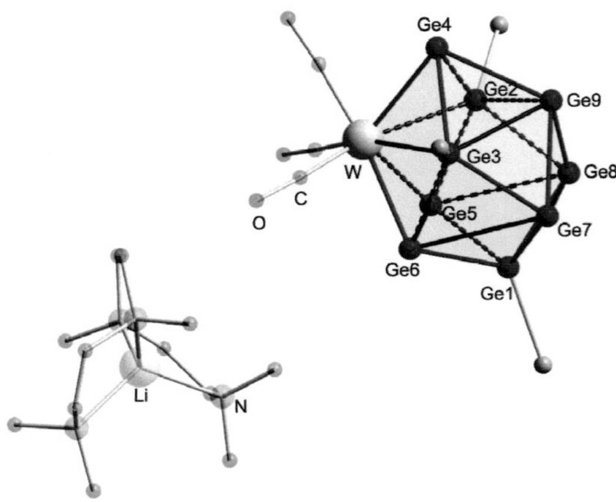

Abbildung 67: Molekülstruktur von **58c**. Die Ge$_4$-Ringe der quadratisch-antiprismatischen Anordnung sind schwarz hervorgehoben. Die quadratisch-antiprismatische Anordnung der neun Germaniumatome ist durch eine Polyederdarstellung hervorgehoben.

Der Germanium-Germanium-Abstand zu dem ligandtragenden, überkappenden Germaniumatom (Ge1) beträgt durchschnittlich 251,5 pm und ist damit vergleichbar groß wie in der Molybdän- **58b** und Chromverbindung **58a**. Auch in der Wolframverbindung **58c** wird für die Ge$_3$M-Einheit (W-Ge3-Ge9-Ge2) eine Anordnung in Form einer Raute mit Germanium-Wolfram-Abständen von 281 pm und Germanium-Germaniumabständen von 272 pm gefunden. Dabei finden sich Rautenwinkel von 77,5° und 102°. Daraus folgen konsequenter Weise wie auch bei der Molybdänverbindung **58b** zwei unterschiedliche Bindungslängen zu dem überkappenden Germaniumatom (Ge4) von 255 pm (Ge4-Ge2: 255,5 pm; Ge4-Ge3: 254,3 pm) und von 274 pm (Ge4-W: 275,0 pm; Ge4-Ge9: 273,3 pm).

Zur Untersuchung des Einflusses der Ionenseparation auf die strukturelle Anordnung im Festkörper wurden Lösungen von **58a** und **58b** geringe Mengen TMEDA zugesetzt um auch hier das Lithiumkation zu komplexieren. Dabei wurden die Verbindungen **58a**[*] und **58b**[*] in Form roter Kristalle erhalten. Die

Strukturen sind in Abbildung 68 gezeigt und wie im Falle der Wolframverbindung wird das Lithiumkation von zwei TMEDA-Molekülen komplexiert und vom Cluster separiert. Im Falle der Chromverbindungen **58a** und **58a*** sind die Germanium-Chrom-Abstände im Rahmen der Standardabweichung gleich. Unverändert ist auch der durchschnittliche Abstand zum ligandtragenden, überkappenden Germaniumatom (Ge1) mit 252 pm. Die Germanium-Germanium-Abstände im Ge$_4$-Viereck (Ge5-Ge6-Ge7-Ge8) variieren zwischen 277 und 317 pm, die Varianz ist also etwas geringer als in der unkomplexierten Verbindung **58a** (274 – 319 pm).

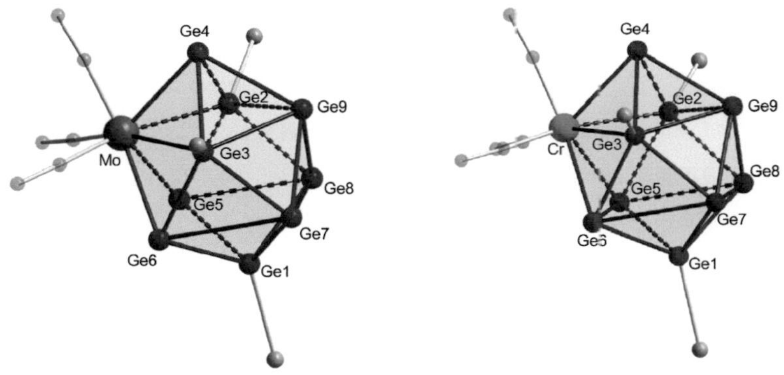

Abbildung 68: Molekülstrukturen von **58a*** (rechts) und **58b*** (links). Der Übersichtlichkeit halber wurden die SiMe$_3$-Gruppen sowie das Gegenion Li(TMEDA)$_2^+$ ausgeblendet. Die Ge$_4$-Ringe der quadratisch-antiprismatischen Anordnung sind schwarz hervorgehoben. Die quadratisch-antiprismatische Anordnung der neun Germaniumatome ist durch eine Polyederdarstellung hervorgehoben.

In der rautenförmigen Ge$_3$Cr-Anordnung (Cr-Ge2-Ge9-Ge3) werden Germanium-Germanium-Bindungslängen von 269 pm (Ge2-Ge9) bzw. 272 pm (Ge3-Ge9) und Winkel von 79 und 101° gefunden. Daraus resultieren im Gegensatz zu den oben diskutierten Strukturen drei unterschiedliche Bindungslängen zu dem überkappenden Germaniumatom (Ge4): 253,5 pm (Ge4-Ge2; Ge4-Ge3), 273 pm (Ge4-Ge9) und 265 pm (Ge4-Cr). Dies zeigt, dass das Aufbrechen der Li(THF)$_2^+$-Verbrückung zweier Clusteranionen **58a** durch das Komplexieren durch TMEDA auch Konsequenzen auf die Anordnung im Clusterkern hat. Dieser Befund kann, wenn auch in geringerem Ausmaß, bei der Molybdänverbindung **58b**[*] beobachtet werden. Die Germanium-Molybdän-Abstände variieren zwischen 273 und 284 pm. Mit durchschnittlich 252 pm bleiben die Abstände zu dem ligandtragenden, überkappenden Germaniumatom (Ge1) unverändert. Die Abstände in dem Ge$_4$-Viereck (Ge5-Ge6-Ge7-Ge8) zeigen mit 282 – 317 pm eine geringfügig größere Varianz als in der nicht komplexierten Struktur **58b**. In der rautenförmigen Ge$_3$Mo-Anordnung (Mo-Ge2-Ge9-Ge3) werden Germanium-Germanium-Bindungslängen wie in der nicht komplexierten Verbindung **58b** von durchschnittlich 272,5 pm und Winkel von 77,5° und 102° gefunden. Allerdings resultieren für die Bindungen zu dem „nackten", überkappenden Germaniumatom (Ge4) nicht wie in **58b** zwei, sondern wie in der komplexierten Chromverbindung **58a**[*] drei unterschiedlich Bindungslängen: 255 pm (Ge2-Ge4; Ge3-Ge4), 272 pm (Ge4-Ge9) und 277 pm (Mo-Ge4). Die beobachteten strukturellen Konsequenzen auf den Clusterkern fallen dabei wahrscheinlich deswegen geringer aus, da bei **58b** keine Verbrückung zweier Cluster vorliegt, sondern das Lithiumkation nur end-on an eine CO-Gruppe gebunden ist. Wie oben beschrieben, wurden an **57** in massenspektrometrischen Untersuchungen stoßinduzierte Dissoziationsexperimente durchgeführt. Dabei wurde der sterische Druck durch die Eliminierung von zwei Carbonylliganden vermindert, was zur Insertierung des Chromatoms in den Clusterkern unter Bildung von **58a** führte. Diese Experimente lassen sich für alle drei Verbindungen **58a-c** weiterführen. Dabei beobachtet man für alle drei Verbindungen **58a-c,** wie am Beispiel von **58b** in Abbildung 69 gezeigt ist, dass die Carbonylgruppen eliminiert werden, wodurch die Verbindungen [(CO)$_2$MGe$_9$(Si(SiMe$_3$)$_3$)]$^-$, [(CO)MGe$_9$(Si(SiMe$_3$)$_3$)]$^-$ und [MGe$_9$(Si(SiMe$_3$)$_3$)$_3$)$_3$]$^-$ (M = Cr, Mo, W) erhalten werden.

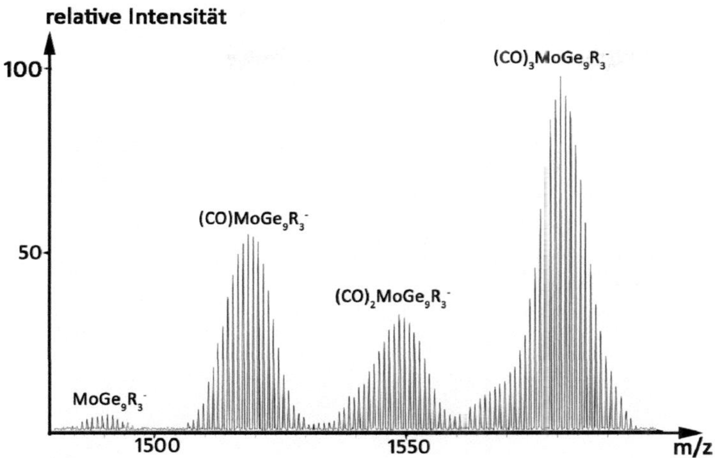

Abbildung 69: Massenspektrum von **58b** nach Stoßanregung (SORI-CAD-Experiment). Je nach Anregungsenergie können bis zu drei Carbonylmoleküle eliminiert werden.

Interessanterweise zeigte sich, dass es auch bei Erhöhung der Stoßenergie nicht möglich ist, das Übergangsmetallatom aus der Clusterverbindung zu entfernen. Weitere Stoßexperimente (Abbildung 70) an den Clusterverbindungen [MGe$_9$(Si(SiMe$_3$)$_3$)$_3$]$^-$ (M = Cr, Mo, W) führen zu Eliminierungsreaktionen der Si(SiMe$_3$)$_3$-Liganden oder zu Zersetzungsreaktionen des Clusterkerns.

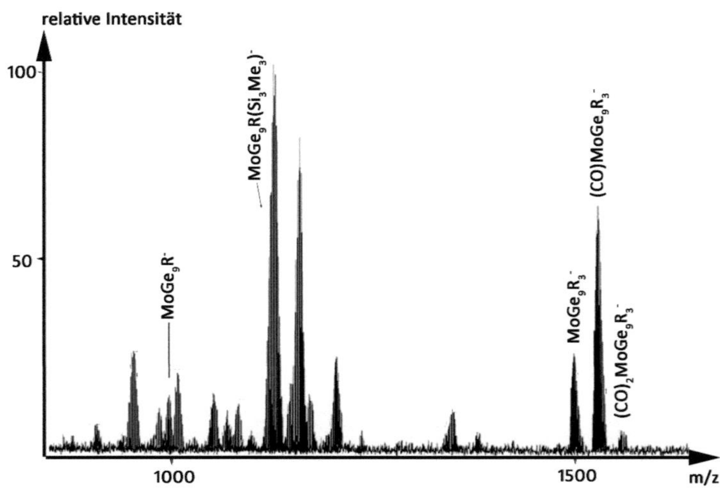

Abbildung 70: Massenspektrum von **58b** nach Stoßanregung (SORI-CAD-Experiment). Versuche, das Übergangsmetallatom zu eliminieren, führen zur Zersetzung des Clusters.

Dies zeigt, dass die Übergangsmetallatome fest in den Clusterkern eingebaut werden, und nur durch Zerstörung der Kernstruktur wieder entfernt werden können. Betrachtet man die vergleichbare Koordinationschemie der Zintlionen der 14. Gruppe, so stellt man fest, dass im Falle der anionischen $E_9M(CO)_3{}^{4-}$-Clusterverbindungen (E = Ge, Sn, Pb; M = Cr, Mo, W), in denen ein $M(CO)_3$-Fragment an ein $E_9{}^{4-}$-Zintlion gebunden ist, neben einem vergleichbaren η^5-Isomer auch ein η^4-Isomer bekannt ist.[115][116] Dies wirft die Frage auf, ob entsprechende Isomere auch im Falle der hier vorgestellten metalloiden Clusterverbindung $Ge_9R_3{}^-$ (R = $Si(SiMe_3)_3$) **1** denkbar sind. Zudem ist von Interesse, inwieweit eine in $\{MGe_{18}(Si(SiMe_3)_3)_6\}^{n-}$-Verbindungen (M = Cu, Ag, Au, Zn, Cd, Hg; n = 0, 1) wohl bekannte η^3-Anordnung möglich ist. Hierzu wurden quantenchemische Rechnungen zu den Modellverbindungen **59a** (η^3-Isomer), **59b** (η^4-Isomer) und **59c** (η^5-Isomer) durchgeführt. Dabei wird davon ausgegangen, dass bei der Bildung von **58a-c** zunächst in einer Vorstufe das Übergangsmetallatom unter Abspaltung eines Acetonetril- bzw. Propionitrilliganden η^1 an eines der „nackten" Germaniumatome von **1** gebunden wird, wobei eine Verbindung mit der allgemeinen Formel $[L_2M(CO)_3Ge_9(Si(SiMe_3)_3)]^-$ (L = CH_3CN, CH_3CH_2CN) gebildet wird, die eine vergleichbare Struktur wie **57** aufweist. Durch Abspaltung zweier Ligandmoleküle L kann das Übergangsmetallatom an weitere Germaniumatome binden. Dabei gibt es wie oben erwähnt neben dem von den Kristallstrukturen bekannten η^5-Isomer mehrere Möglichkeiten, wo und wie das Übergangsmetallatom an den Clusterkern binden kann:

Das η^3-Isomer 59c:

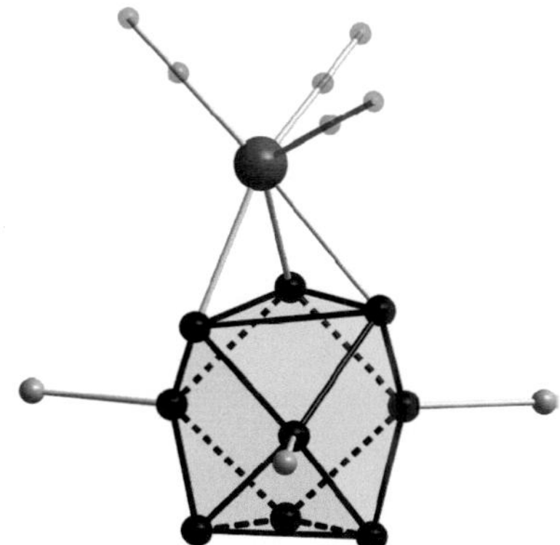

Abbildung 71: Berechnete Struktur für das η^3-Isomer 57c. Übersichtlichkeitshalber sind die SiMe$_3$-Gruppen nicht gezeigt. Die dreifach überkappte trigonal-prismatische Anordnung der neun Germaniumatome ist durch Polyederdarstellung hervorgehoben.

Unter Abspaltung zweier weiterer Liganden kommt das Übergangsmetallatom zentral über der Dreiecksfläche Ge1-Ge2-Ge3 zu liegen, wie es schon bei den in Abschnitt C-I diskutierten Verknüpfungsreaktionen zu $[MGe_{18}(Si(SiMe_3)_6)]^n$ (n = 0, -1; M = Cu, Ag, Au, Zn, Cd, Hg) beobachtet wurde. Hierfür kann mit Hilfe quantenchemischer Rechnungen die in Abbildung 71 gezeigte Minimumstruktur berechnet werden.

In dieser Struktur bleibt der Clusterkern nahezu unverändert und es ergeben sich für alle drei Übergangsmetalle zwei kurze und ein langer Germanium-Übergangsmetallabstand (Tabelle 3). Das Übergangsmetallatom kommt also nicht zentral über der Ge_3-Dreiecksfläche zu liegen. Dieses Isomer ist für alle drei Übergangsmetalle (Cr, Mo, W) ca. 100 kJ/mol ungünstiger als das erhaltene η^5-Isomer.

Tabelle 3: Berechnete Ge-M-Abstände für die η^3-Isomere der Verbindungen $(CO)_3MGe_9R_3^-$ (M = Cr, Mo, W)

Übergangsmetall	Kurze Ge-M-Abstände	Langer Ge-M-Abstand
Cr	273 pm	289 pm
Mo	277 pm	295 pm
W	275 pm	296 pm

Das η^4-Isomer 59b:

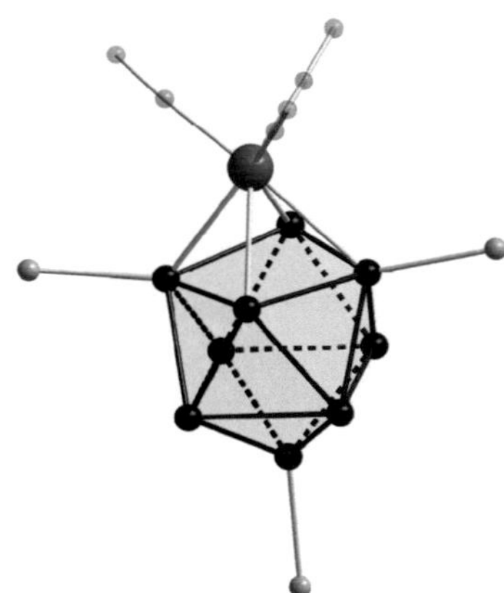

Abbildung 72: Berechnete Struktur für das η^4-Isomer 57b. Übersichtlichkeitshalber sind die SiMe$_3$-Gruppen nicht gezeigt. Die Ge$_4$-Vierecke des quadratischen Antiprismas sind schwarz hervorgehoben. Die einfach überdachte quadratisch-antiprismatische Anordnung der neun Germaniumatome ist durch Polyederdarstellung hervorgehoben.

Neben der Möglichkeit an die Dreiecksfläche (Ge1-Ge2-Ge3) zu binden, besteht für das Übergangsmetallatom zudem die Möglichkeit, η^4 zwischen zwei Si(SiMe$_3$)$_3$-Liganden an den Clusterkern zu binden. Mit Hilfe quantenchemischer Rechnungen konnte für alle drei Übergangsmetalle die in Abbildung 72 gezeigte Minimumstruktur berechnet werden. Die Struktur kann dabei als zweifach überkapptes quadratisches Antiprisma beschrieben werden, wobei im Gegensatz zu der, aus den Kristallstrukturen erhaltenen η^5-Anordnung das Übergangsmetallatom nicht Teil des Prismas ist, sondern eine Vierecksfläche überkappt. Die Anordnung entspricht somit der η^4-Anordnung, der vergleichbaren η^4- Verbindungen im Bereich der Zintlionen, wenn auch stark verzerrt. Dabei ist das Ge$_4$-Viereck (Ge6-Ge7-Ge8-Ge9), im Gegensatz zu der quadratischen Anordnung bei den η^4-Verbindungen im Bereich der Zintlionen, in Form einer Raute angeordnet. Grund für die Verzerrung ist dabei wahrscheinlich der große sterische Anspruch der Si(SiMe$_3$)$_3$-Liganden, der im Fall der Zintlionen nicht vorhanden ist. Nach energetischer Abschätzung ist das η^4-Isomer **59b** ca. 50 kJ/mol ungünstiger als das η^3-Isomer **59c** und damit ca. 150 kJ/mol ungünstiger als das auch in den Kristallstrukturen gefundene η^5-Isomer **59a**.

Das η^{5*}-Isomer 59d:

Im Zuge der Berechnungen zum η^4-Isomer wurde eine weitere Minimumstruktur gefunden, bei der das Übergangsmetallatom an fünf Germaniumatome (η^5) bindet.

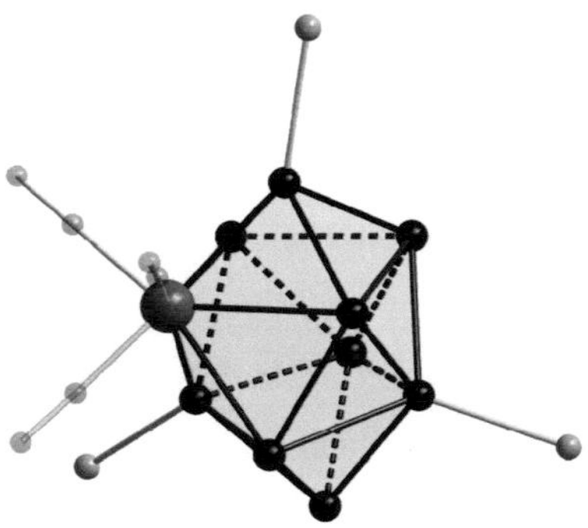

Abbildung 73: Berechnete Struktur für das η^{5*}-Isomer 57d. Übersichtlichkeitshalber sind die SiMe$_3$-Gruppen nicht gezeigt. Die Ge$_4$-Vierecke des quadratischen Antiprismas sind schwarz hervorgehoben. Die zweifach überdachte, quadratisch-antiprismatische Anordnung der neun Germaniumatome und des Übergangsmetallatoms ist durch Polyederdarstellung hervorgehoben.

Wie auch beim η^4-Isomer **59b** und dem aus den Kristallstrukturen erhaltenen η^5-Isomer **59a**, kann die Struktur des η^{5*}-Isomers **59d** als zweifach überkappte quadratisch-antiprismatische Anordnung der neun Germaniumatome und des Übergangsmetallatoms beschrieben werden. Dabei ist das Übergangsmetallatom wie auch im anderen η^5-Isomer **59a** Teil des Antiprismas. In **59d** wird jedoch die Ge$_3$M-Einheit von einem ligandtragenden Germaniumatom und die Ge$_4$-Einheit von einem „nackten" Germaniumatom überkappt. (Abbildung 73). Ein energetischer Vergleich beider Strukturen zeigt, dass im Falle der Molybdänverbindung **58b** die aus der Kristallstruktur erhaltene η^5-Anordnung um 19 kJ/mol günstiger als die berechnete η^{5*}-Struktur ist. Im Gegensatz dazu ist im Falle der Wolframverbindung **58c** das berechnete η^{5*}-Isomer um 6 kJ/mol günstiger als das aus der Kristallstruktur erhaltene Isomer.

Die insgesamt fünf Strukturen können dabei wie folgt in Zusammengang gebracht werden (Abbildung 74): Wie oben beschrieben wird nach Abspaltung eines Liganden die Verbindung **60** gebildet, in der das Übergangsmetallatom vergleichbar wie in **57** η^1 an den Clusterkern gebunden ist.

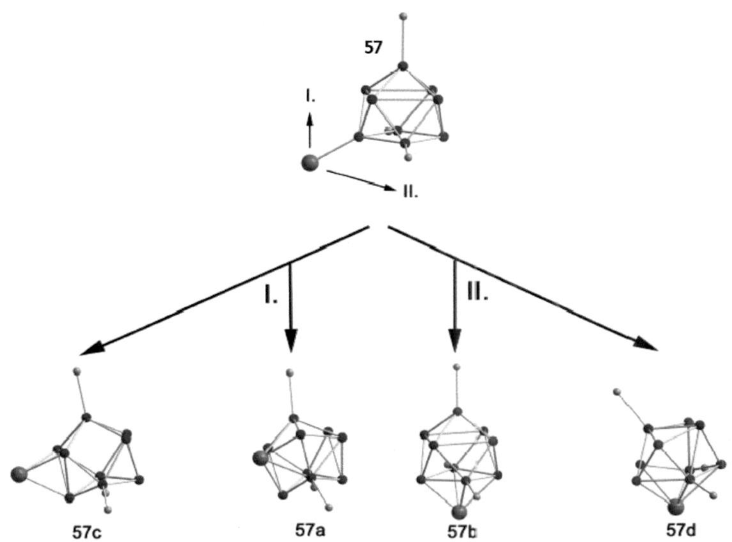

Abbildung 74: Schematische Darstellung der Bildung der verschiedenen Isomere aus **60**.

Von diesem Punkt aus gibt es zum einen die Möglichkeit, dass sich das Übergangsmetallatom, nach Abspalten der beiden anderen Liganden, zu der Dreiecksfläche Ge1-Ge2-Ge3 hinbewegt (I. in Abbildung 74). Dies kann zum η^3-Isomer oder zu dem 100 kJ/mol stabileren, in den Kristallstrukturen von **58a-c** gefundenen η^5-Isomer führen. Zum Anderen gibt es die Möglichkeit, dass sich das Übergangsmetallatom, nach Abspalten der zwei Liganden (CH_3CN bzw. CH_3CH_2CN), zu der Vierecksfläche Ge1-Ge4-Ge5-Ge7 hinbewegt (II. in Abbildung 74). Daraus können das η^4-Isomer oder das energetisch günstigere η^{5*}-Isomer resultieren. Die Energieunterschiede zwischen den Isomeren sind dabei vergleichsweise gering, so dass ein dynamisches Gleichgewicht zwischen den verschiedenen Strukturen möglich wäre. Temperaturabhängige NMR-Spektren zeigen jedoch nur scharfe Signale und einen Signalsatz, so dass davon ausgegangen werden kann, dass nur das in kristalliner Form erhaltene η^5-Isomer der Verbindungen **58a-c** in Lösung vorliegt.

3. Zusammenfassung und Ausblick

Wie schon im vorherigen Kapitel gezeigt, eignet sich die Clusterverbindung $[Ge_9(Si(SiMe_3)_3)_3]^-$ **1** auf Grund ihrer strukturellen Gegebenheiten hervorragend für weitere Reaktionen. Dabei ist es neben der Verknüpfung mehrerer Ge_9-Einheiten mit verschiedenen Übergangsmetallionen der Gruppe 11 und 12 nun auch gelungen, den Clusterkern mit Hilfe von Übergangsmetallreagenzien der Zusammensetzung $L_3M(CO)_3$ (L = CH_3CN, CH_3CH_2CN; M = Cr, Mo, W) um das jeweilige Übergangsmetallatom zu erweitern. Dabei führt die Insertion des Übergangsmetallatoms zu einer starken Verzerrung der Clusterstruktur hin zu einer Anordnung die am besten als zweifach überkapptes tetragonales Antiprisma beschrieben werden kann. Mit der strukturellen Veränderung geht einher, dass das Übergangsmetallatom vollständig in den Clusterkern eingebaut wird und nicht mehr entfernt werden kann, ohne den Clusterkern vollständig zu zerstören. Dies konnte anhand massenspektrometrischer Untersuchungen (SORI-CAD) bei $(CO)_3MGe_9Si(SiMe)_3^-$ (M = Cr, Mo, W) **58a-c** gezeigt werden. Zusätzlich konnte mit Hilfe quantenchemischer Berechnungen die energetische Lage verschiedener Strukturisomere abgeschätzt werden. Die hier vorgestellten Ergebnisse zeigen, dass ein breites Feld an Folgereaktionen mit der metalloiden Clusterverbindung **1** möglich ist, wodurch neuartige Verbindungen mit interessanten physikalischen und chemischen Eigenschaften zugänglich sind. So ist neben der hier vorgestellten Clustererweiterung mit Übergangsmetallatomen auch eine Erweiterung mit Hauptgruppenverbindungen denkbar, wie z.B. durch eine Umsetzung mit ClGeR zu einer neutralen Clusterverbindung $Ge_{10}(Si(SiMe_3)_3)_3R$.

Teil D: Alternative Anwendung von Germaniummonohalogenidlösungen

1. Einleitung

Neben der Darstellung metalloider Cluster hat sich in jüngster Zeit eine weitere Einsatzmöglichkeit für Germaniumonohalogenidlösungen eröffnet, nämlich die Darstellung von nanostrukturiertem Germanium durch das Beschicken von mesoporösen Materialien, welche eine Alternative zu amorphem SiO_2 mit breiter Porengrößenverteilung darstellen. Siliziumdioxidmaterialien werden für die verschiedensten Anwendungen genutzt. Die Materialklasse mit der allgemeinen Formel SiO_2 oder $SiO_2 \cdot xH_2O$ umfasst dabei verschiedene Materialien, mit teilweise völlig unterschiedlichen Eigenschaften hinsichtlich Morphologie, Struktur und Kristallinität. Die wohl bekannteste Form, in der Siliciumdioxid in der Natur vorkommt, ist Quarz.[117][118] Neben amorphem SiO_2 stellt Quarz die am weitesten verbreitete Form für technische Anwendung dar. Dabei sind die Partikel oft von sehr dichter Struktur, und die für physikalische oder chemische Wechselwirkungen zur Verfügung stehende Oberfläche entspricht der äußeren Oberfläche der kristallinen Partikel.[119] Für viele technische Anwendungen, besonders im Bereich der heterogenen Katalyse, ist jedoch eine große Oberfläche von großer Bedeutung. Solch große Oberflächen und damit extrem große aktive Flächen pro Volumeneinheit weisen Zeolithe und amorphe Siliciumdioxidmaterialien auf. Die Darstellung von amorphem SiO_2 ist dabei auf verschiedenen Wegen möglich. Je nach Herstellungsmethode sind Oberfläche, Porenvolumen, Porengröße und Partikelgröße bis zu einem gewissen Grad einstellbar. Je nach Porengröße werden die Patrtikel in mikro- (<2 nm), meso- (2-50 nm) und makroporöse (<50 nm) Materialien unterteilt.[120] Die wohl bekanntesten Vertreter der mikroporösen Materialien stellen die Zeolithe dar, die sowohl als Katalysator selbst als auch als Trägermaterialien dienen können und sich durch ihre hochgeordnete Struktur mit sehr enger Porenverteilung auszeichnen. Das Anwendungsspektrum in der Katalyse ist jedoch dahingehend eingeschränkt, dass der Porendurchmesser der Zeolithe für viele Moleküle zu klein ist, so dass diese nicht an die reaktiven Zentren gelangen können. Wie bereits erwähnt, stellen hierzu mesoporöse Materialien eine Alternative dar. 1969 gelang es erstmals ein solches Material zu synthetisieren, jedoch blieben die besonderen Eigenschaften dieses Materials auf Grund fehlender Analytik verborgen.[121,122] Erst 1992 gelang es, die Eigenschaften dieses Materials (MCM-41) zu erkennen. MCM-41 und vergleichbare Materialien zeichnen sich durch eine hochgeordnete hexagonale Anordnung von röhrenförmigen Poren mit sehr einheitlichem Porendurchmesser aus, wobei im Gegensatz zu den Zeolithen eine geordnete Porenstruktur mit amorphen Porenwänden vorliegt. Im Laufe der Jahre gelang es eine ganze Reihe solcher Verbindungen darzustellen und im Jahr 1998 wurde von Zhao et al. die Synthese von mesoporösem Siliciumdioxid mit zweidimensionaler hexagonaler Struktur beschrieben.[123,124,125,126] Dabei wurde ein aus Polyethylenoxid-Polypropylenoxid-Polyethylenoxid-Einheiten bestehendes Triblockpolymer verwendet. Das entstandene Material wurde mit SBA-15 (Santa Barbara Nr. 15) bezeichnet. Es weist bei gleicher Porenstruktur größere Wandstärken (3 – 7 nm) und einstellbare Porendurchmesser (6 – 15 nm) auf. Auf Grund der größeren Wandstärke ist SBA-15 thermisch deutlich stabiler als vergleichbare Materialien.[127] Des Weiteren weist dieses Material eine sehr hohe spezifische Oberfläche (600 - 1000 m^2g^{-1}) und ein großes Porenvolumen auf. Diese Eigenschaften machen SBA-15 für die Anwendung im Bereich der Katalyse äußerst interessant.[128,129] Dabei ist zum einen die Anwendung als eigentlicher Katalysator denkbar. So können die auf Silicium basierenden, teils mit Fremdatomen dotierten mesoporösen Materialien beispielsweise für Säure- und Base-katalysierte Reaktionen, Redoxreaktion und teilweise auch für Polymerisationen als Katalysator geeignet sein.[130] Zum anderen können solche Materialien als Trägermaterial für katalytisch aktive Spezies wie z.B. Metalle, Metalloxide, aber auch molekulare Spezies wie homogene Katalysatoren dienen. Es ist des Weiteren möglich, nach Einbringen der gewünschten Substanz das Templat zu entfernen, um so die neugebildeten, nanostrukturierten Materialien zu isolieren. Inspiriert durch die erfolgreiche Darstellung von Germaniumnanostäben mit Hilfe einer templatgesteuerten Synthese,[131] die jedoch zu uneinheitlichen Ergebnissen führte,[132,133] wurde versucht eine alternative Route zu finden. Dazu wurde versucht, Germaniummonobromid in die Poren von SBA-15 einzubringen und durch Tempern über die Disproportionierungsreaktion (4GeBr $\rightarrow$ 3Ge + GeBr$_4$) elementares Germanium in den Poren zu erhalten.[73] Wie hochauflösende TEM-Aufnahmen zeigten, gelang es in diesen ersten Versuchen jedoch nicht, porenausfüllende Germaniumstäbe darzustellen, da vergleichsweise wenig Substanz in die Poren eingebracht wurde. Daher wurde dieser Ansatz im Rahmen dieser Arbeit erneut aufgegriffen und versucht, größere Mengen Germaniummonobromid in das mesoporöse Material SBA-15 einzubringen.

2. Ergebnisse und Diskussion

2.1. Beschicken

Um das Germaniummonohalogenid in die Poren einzubringen, wurde eigens eine frische Lösung mit dem Gemisch Tetrahydrofuran/Acetonitril/^{n}Bu$_3$N mit einem Verhältnis Germanium zu Brom von 1:1,01 hergestellt. Des weiteren wurden 1,5g SBA-15 in einem Rundkolben unter Vakuum bei 200°C über mehrere Stunden getrocknet. Dabei konnten ca. 100 mg Wasser entfernt werden. Anschließend wurde 1g des getrockneten SBA-15 in einem weiteren Rundkolben mit 1,2 ml der -55°C kalten Germaniumonobromidlösung versetzt. Dies entspricht ca. 80% des inneren Volumens von 1g SBA-15, so dass die Lösung schnell aufgesaugt wurde. Nach Trocknen unter Vakuum, Waschen mit Pentan im Ultraschallbad, Abfiltrieren und erneutem Trocknen konnte bereits nach der ersten Beschickung eine deutliche Farbveränderung des Materials festgestellt werden wie in Abbildung 75 zu sehen ist.

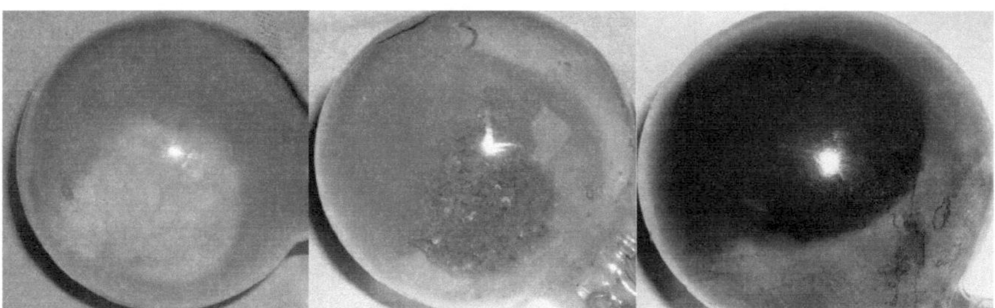

Abbildung 75: Fotos eines Rundkolbens mit SBA-15: Links: nicht beschicktes SBA-15; Mitte: nach einer Beschickung mit GeBr; Rechts: nach zehn Beschickungen mit GeBr.

Der Beschickungsvorgang wurde insgesamt 45 mal durchgeführt. wobei nur bei jedem dritten Mal mit Pentan gewaschen wurde. Da die Aufnahmefähigkeit des Materials mit jedem Beschickungsvorgang abnimmt wurde die Zugabemenge

144

kontinuierlich bis auf 0,6 ml reduziert. Dies sollte vor allem verhindern, dass Lösung außerhalb der Poren verbleibt. Wie in Abbildung 76 deutlich zu erkennen ist, nimmt das Produkt eine zunehmend dunklere Farbe an und verfärbt sich von Anfangs orange nach dunkelrot. Im Vergleich zu den früheren Versuchen, in denen nur 4-5 mal beschickt wurde, fällt besonders die deutlich dunklere Färbung des Materials auf. Dies zeigt, dass es möglich ist, bedeutend größere Mengen Germaniummonohalogenid in das mesoporöse Material SBA-15 einzubringen. Bemerkenswert ist, dass dabei bis zum Ende eine enorme wenn auch nachlassende Saugfähigkeit des Materials zu beobachten ist. Nach der letzten Beschickung wurde das Material mehrmals mit Pentan gewaschen und unter Vakuum getrocknet.

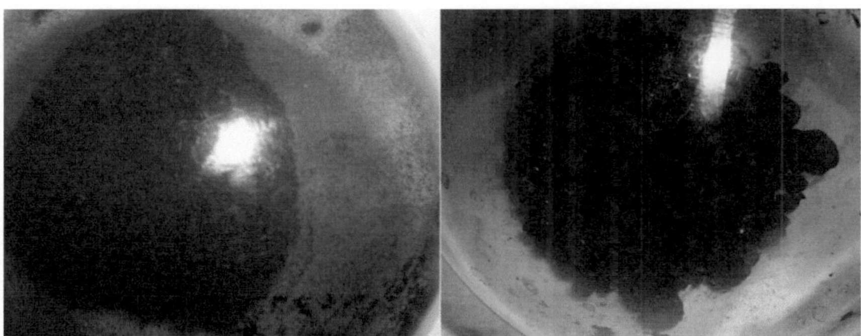

Abbildung 76: Fotos eines Rundkolbens mit SBA-15: Links: nach 25 Beschickungen mit GeBr; Rechts: nach 45 Beschickungen mit GeBr.

2.2. Tempern

Im nächsten Schritt wurde das beschickte Material in der Glovebox unter Argon in eine Quarzampulle überführt und anschließend in den im folgenden beschriebenen Versuchsaufbau integriert:

Abbildung 77: Fotos von GeBr/SBA-15 Proben in Quarzampullen: Links: nach Tempern auf 600°C; Rechts: vor dem Tempern (45 mal beschickt); Mitte: vor dem Tempern (35 mal beschickt).

Dabei wurde die Ampulle mit der Substanz horizontal in einen Röhrenofen eingebracht. Die Ampulle ist über einen Flansch mit einem Absperrventil aus Edelstahl verbunden, das am anderen Ende an einen Edelstahlschlauch geflanscht ist. Dieser Schlauch führt in eine erste, mit flüssigem Stickstoff gekühlte Kühlfalle.

Über einen weiteren Edelstahlschlauch ist die Kühlfalle mit zwei zusätzlichen mit flüssigem Stickstoff gekühlten Kühlfallen verbunden, die dem Schutz des Hochvakuumpumpensystems dienen. Der gesamte Aufbau wurde mehrmals evakuiert und mit Argon gespült, bevor das Absperrventil vorsichtig geöffnet und auch die Ampulle evakuiert wurde. Anschließend wurde der Röhrenofen langsam auf 600°C geheizt, die Temperatur über mehrere Stunden gehalten und dann langsam auf Raumtemperatur abgekühlt. Während des Tempervorgangs verfärbte sich die Substanz von dunkelrot nach schwarz, wie in Abbildung 77 zu erkennen ist. Es kann also von einer erfolgreichen Disproportionierungsreaktion

146

ausgegangen werden. Die deutliche dunklere Farbe gegenüber den früheren Versuchen zeigt außerdem, dass jetzt größere Mengen an Germanium in die Poren eingebracht wurden.

3. Zusammenfassung und Ausblick

Wie anschaulich gezeigt werden konnte, ist es möglich, größere Mengen Germaniummonohalogenid als in früheren Versuchen in die Poren von SBA-15 einzulagern. Dabei ist eine starke Farbveränderung von weiß (unbeschicktes Material) über orange (wenig beschicktes Material) bis hin zu dunkelrot (stark beschicktes Material) zu beobachten. Erhitzen der beschickten Substanz führte zu einer Verfärbung des Materials von rot nach schwarz. Im Vergleich zu den früheren Versuchen (leicht graue Färbung) deutet dies auf größere Mengen Germanium in den Poren hin. Ob es zudem gelungen ist, porenausfüllende Germaniumnanostäbe darzustellen, müssen hochauflösende TEM-Aufnahmen zeigen, die derzeit in Arbeit sind.

Teil E: Zusammenfassung und Ausblick

Im Rahmen dieser Arbeit gelang es mit Hilfe massenspektrometrischer Untersuchungen neue ionische Clusterverbindungen des Germaniums zu identifizieren und ihre Molekülstrukturen durch quantenchemische Rechnungen aufzuklären. Dabei wurde zur Synthese erstmals die Ligandverbindung Li[(SiMe$_3$)N(2,6-^{i}Pr$_2$C$_6$H$_3$)] eingesetzt, die ein Fragmentierungsverhalten aufweist, das über das verbrückende NSiMe$_3$-Ligandfragment bis hin zu „nackten" Siliziumatomen führen kann.

Außerdem wurde ausgehend von Germaniummonobromidlösungen (Lösemittelgemisch: THF/CH$_3$CN/N^{n}Bu$_3$ bzw. 1,2-Difluorbenzol/N^{n}Bu$_3$) unter Verwendung des FeCp(CO)$_2$-Liganden versucht neue Germaniumclusterverbindungen darzustellen. Dabei konnten mit Hilfe massenspektrometrischer Untersuchungen ionische Clusterverbindungen mit bis zu sechs Germaniumatomen (z.B. Ge$_6$(FeCp(CO)$_2$)$_6$(FeCpCO)$^-$ **14,** Abbildung 78) identifiziert werden, bei denen eine Fragmentierung des Liganden beobachtet wird, was zu dem verbrückenden Ligand FeCp(CO) führt. Zudem konnte anhand massenspektrometrischer Untersuchungen gezeigt werden, dass in der Gasphase die reduktive Eliminierung von (FeCp(CO)$_2$)$_2$ stattfindet. Das Isolieren großer Mengen des neutralen Eliminierungsprodukts (FeCp(CO)$_2$)$_2$ aus den Reaktionslösungen zeigt, dass die Eliminierungsreaktion auch in Lösung stattfindet.

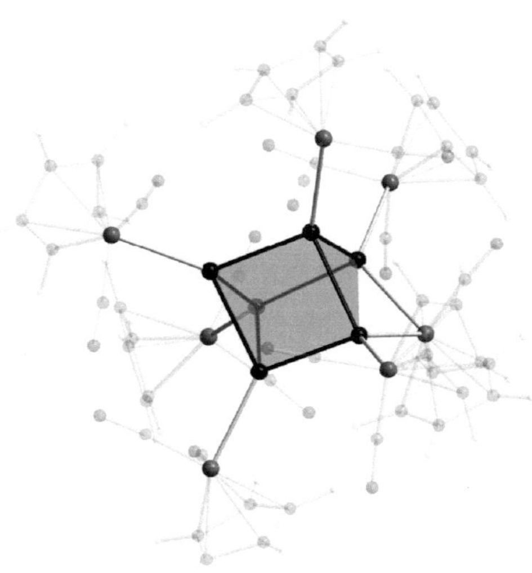

Abbildung 78: Berechnete Molekülstruktur von **14**, Cp- und CO-Gruppen sind transparent dargestellt.

Um ein weiteres Feld an Liganden zur Darstellung metalloider Clusterverbindungen zu erhalten, wurde das Synthesepotential von sauerstoffhaltigen Ligandsystemen wie -OSiMe$_3$ untersucht. Dabei konnte die ionischen Verbindung Ge$_7$(OSiMe$_3$)$_{15}$Li$_6$THF$_6$ **18** in Form orangefarbener Kristalle erhalten werden. Die Kristallstrukturanalyse führte jedoch lediglich zur Lokalisierung der Schweratome. Durch zusätzliche massenspektrometrische Untersuchung konnte die Summenformel von **18** bestimmt werden, wobei quantenchemische Rechnungen auf ein Addukt aus einer Clusterspezies mit sechs Eduktmolekülen hindeuten. Die experimentelle Aufklärung der Struktur wird ein zukünftiges Ziel sein, da ein dazu benötigtes leistungsfähigeres Diffraktometer z.B. mit Synchrotronstrahlung im Verlauf dieser Arbeit nicht zur Verfügung stand. Die massenspektrometrischen Untersuchungen von **18** zeigten weiterhin, dass der OSiMe$_3$-Ligand unter Eliminierung des Silylethers O(SiMe$_3$)$_2$ fragmentiert, wobei ein Sauerstoffatom im Clusterkern verbleibt, d.h. die Reaktion verläuft in Richtung der Germaniumoxide. Damit konnte gezeigt werden, dass sauerstoffhaltige Liganden zur Darstellung metalloider Clusterverbindungen ungeeignet sind.

Des Weiteren gelang es im Rahmen dieser Arbeit, eine Germaniummonobromid-Lösung zu synthetisieren, die den Einschränkungen der bisher verwendeten Lösemittelgemische nicht unterliegt. Ausgehend von dieser neuen Germaniummonobromidlösung (Lösemittelgemisch: Toluol/P^nBu_3) gelang es zum einen, mit den [(SiMe$_3$)N(2,6-^{i}Pr$_2$C$_6$H$_3$)]- und O^{t}Bu-Liganden Clusterverbindungen mit neun bis elf Germaniumatomen zu synthetisieren und mit Hilfe massenspektrometrischer Untersuchungen zu identifizieren. Dabei weisen beide Ligandsysteme störende Fragmentierungsreaktionen auf. Das Synthesepotential der Germaniummonobromidlösung (Lösemittelgemisch: Toluol/P^nBu_3) konnte mit dem, aus der Synthese von Ge$_9$(Si(SiMe$_3$)$_3$)$_3^-$ **1** bewährten Si(SiMe$_3$)$_3$-Liganden aufgezeigt werden. Dabei konnte **1** in kristalliner Form mit vergleichbaren Ausbeuten (24%) wie bei den Glockenumsetzungen (36%) erhalten werden.

Zudem gelang es die Folgechemie der anionischen Clusterverbindung **1** erfolgreich zu erweitern. Bei ersten Stoßexperimenten (SORI-CAD) an **1** konnte die reduktive Eliminierung von Si$_2$(SiMe$_3$)$_6$ beobachtet werden. Durch Vertiefen dieser Untersuchungen konnten die erforderlichen Schwellenenergien experimentell bestimmt werden. Zudem konnten an Hand von DFT-Rechnungen die Strukturen der beteiligten Spezies bestimmt werden. Des Weiteren wurden ihre Lebensdauern unter den eingestellten Fragmentierungsbedingungen berechnet. Sowohl die experimentellen als auch die theoretischen Untersuchungen bestätigen den beobachteten Eliminierungsprozess. Die vollständige Dissoziation aller Liganden R führt weiterhin zur „nackten" Clusterspezies Ge$_9^-$ und stellt somit einen Wechsel von der Seite der metalloiden Cluster (mittlere positive Oxidationszahl der Germaniumatome) in den Bereich der Zintlionen (mittlere negative Oxidationszahl der Germaniumatome) dar.

Des Weiteren wurden Gasphasenreaktionen von **1** mit Cl$_2$ bzw. O$_2$ durchgeführt.

Dabei konnte beobachtet werden, dass **1** gegenüber O_2 in der Gasphase, sehr wahrscheinlich aufgrund eines spinverbotenen Übergangszustandes, inert ist. Dieses Spinverbot kann durch Wechselwirkungen an der Oberfäche aufgehoben werden. Auf diese Weise kann der stark pyrophore Charakter der Kristalle von **1** bei Kontakt mit Luftsauerstoff trotz des Spinverbots erklärt werden. Bei Oxidationsexperimenten von **1** mit Cl_2 ist ein komplexes Reaktionsgeschehen zu beobachten. Wie erste orientierende theoretische Untersuchungen zum oxidativen Cl_2-Abbau andeuten, ist der Primärschritt beim Kontakt mit einem Cl_2-Molekül entscheidend. Dabei können die beiden Chloratome des Cl_2-Moleküls entweder an ein Germaniumatom oder an zwei Germaniumatome gebunden werden. In zukünftigen weiterführenden Untersuchungen sollen unter anderem durch Berücksichtigung von berechneten Übergangszuständen die vorläufigen Reaktionsschritte der Chlorierung von **1** geklärt werden. Des Weiteren konnte anhand der beobachteten reduktiven Eliminierungsreaktion von $Si_2(SiMe_3)_6$ und der oxidativen Addition von Cl_2 ein erster hypothetischer Bildungsmechanismus für **1** aufgestellt werden. Dabei wird von $Ge_9Br_9^-$ **43** ausgegangen und man gelangt durch abwechselnde Substitutions- und Eliminierungsschritte zu **1**. Diesen Befund gilt es in zukünftigen Arbeiten durch den experimentellen Nachweis von **43** zu untermauern.

Ein weiterer Aspekt der Erweiterung der Folgechemie von **1** stellen die Verknüpfungs- und Clustererweiterungsreaktionen dar. Dabei gelang es in Verknüpfungsreaktionen die neutralen Clusterverbindungen **51a-c** zu synthetisieren. Weiterführende Aufbaureaktionen mit $Pt(PPh_3)_4$ und **51c** deuten darauf hin, dass ein Aufbau hin zu molekularen Kabeln möglich ist, ein Aspekt der auf dem Titelbild von Dalton Transactions auch graphisch dargestellt wurde (Abbildung 79).

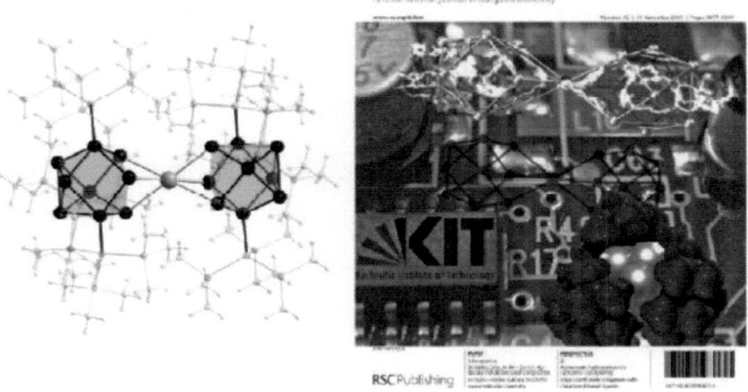

Abbildung 79: Die Molekülstruktur von $MGe_{18}R_6$(links). Die Liganden sind transparent dargestellt. Rechts: Titelbild von Dalton Transactions.

Zudem gelang es, wie auch schon in früheren Versuchen mit Chrom, den Clusterkern der anionischen Clusterverbindung **1** um ein Übergangsmetallatom (Molybdän und Wolfram) zu erweitern (Abbildung 80). Inspiriert durch diese Untersuchungen wird es Ziel zukünftiger Versuche sein, **1** um Hauptgruppenelementfragmente z.B. mit ClGeR zu einer neutralen Clusterverbindung **1GeR** mit zehn Germaniumatomen aufzubauen.

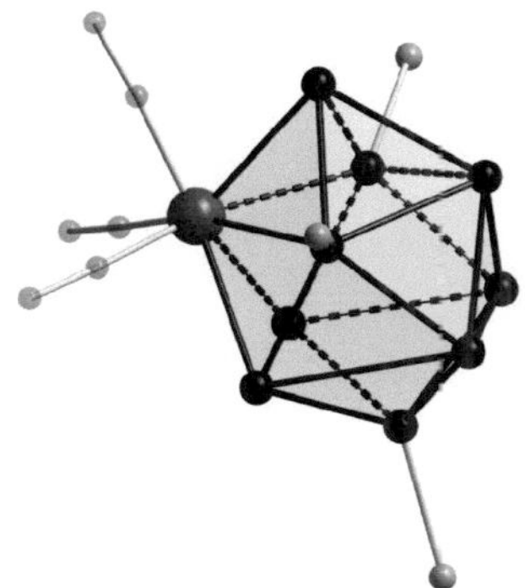

Abbildung 80: Molekülstruktur von $[(TMEDA)_2Li]^+[(CO)_3MoGe_9(Si(SiMe_3)_3)_3]^-$ **58b***. Übersichtlichkeitshalber wurden $SiMe_3$-Gruppen und das komplexierte Lithiumatom weggelassen. Die zweifach überdachte quadratisch-antiprismatische Anordnung der neun Germaniumatome und des Übergangsmetallatoms sind durch Polyederdarstellung hervorgehoben.

Zudem wurde die alternative Anwendung von Germaniummonohalogenid-Lösungen weiter ausgebaut. Dabei war es Ziel, aufbauend auf früheren Versuchen, größere Mengen der Germaniumbromid-Lösung (Lösemittelgemisch: THF/CH$_3$CN/N^{n}Bu$_3$) als bisher in das mesoporöse Material SBA-15 einzubringen, um durch Erhitzen über die Disproportionierungsreaktion nanostrukturiertes Germanium zu erhalten. Dabei konnte anhand der deutlich dunkleren Färbung des Produktes gezeigt werden, dass es tatsächlich möglich ist, größere Mengen als bisher in die Poren des SBA-15 einzubringen. Ob es gelungen ist, porenausfüllende Germaniumnanostäbe zu erhalten, sollen zukünftige hochauflösende TEM-Aufnahmen zeigen.

Teil F:Experimentelles

1. Allgemeine Arbeitstechniken

Alle Arbeitsschritte wurden unter Verwendung der Schlenktechnik unter Vakuum (p = 10^{-3} mbar) oder Schutzgas (N_2) durchgeführt. Der verwendete Stickstoff wurde dabei in mehreren Schritten gereinigt. Spuren von Sauerstoff wurden durch Leiten des Inertgases über einen Kupfer-Katalysator (bei 140°C) entfernt. Zum Binden von Restfeuchtigkeit wurden Phosphorpentoxid auf Bimsstein Kaliumhydroxid und konzentrierte Schwefelsäure verwendet. Alle verwendeten Glasgefäße und Apparaturen wurden bei 120°C getrocknet und vor Benutzung im Ölpumpenvakuum (p = 10^{-3} mbar) ausgeheizt und mit Stickstoff gefüllt. Das Einwiegen und Umfüllen fester Edukte erfolgte in Glove-Boxen der Firma Braun (MBraun MB120 G/ und 150 B/G) unter Inertgas (Argon 4.8).

Lösemittel und flüssige Edukte wurden mit Hilfe von Kanülen aus Edelstahl bzw. Teflon unter Stickstoffüberdruck umgepresst.

Die Filtration der Reaktionslösungen wurde ebenfalls unter Verwendung von Edelstahl- bzw. Teflonkanülen, an deren Ende Filterpapier mit Teflonband fixiert wurde, durchgeführt.

Lösemittel:

Alle verwendeten Lösemittel wurden stoffspezifisch von Sauerstoff- und Feuchtigkeitsresten befreit (absolutiert), anschließend destilliert, entgast und unter Stickstoffatmosphäre aufbewahrt. Die deuterierten Lösemittel wurden entgast und über Molsieb (4 Å) getrocknet.

Ausgangsverbindungen:

Germanium, HBr, Diisopropylanilin, SiMe$_3$Cl, HgCl$_2$ (wasserfrei), CdCl$_2$ (wasserfrei), ZnCl$_2$ (wasserfrei), Pt(PPh$_3$)$_4$ sowie (CH$_3$CN)$_3$W(CO)$_3$ und (CH$_3$CH$_2$CN)$_3$Mo(CO)$_3$ wurden wie im Handel erworben eingesetzt und je nach Bedarf stoffspezifisch zur Reinigung gewaschen, umkristallisiert, getrocknet oder destilliert.

Li[(SiMe$_3$)N(2,6-^{i}Pr$_2$C$_6$H$_3$)] wurde aus Diisopropylanilin, SiMe$_3$Cl und ^{n}BuLi nach Literaturvorschrift dargestellt.[134]

Der Bromidgehalt der GeBr-Lösungen wurde argentometrisch bestimmt: 2 ml Probelösung wird in einem 50 ml Becherglas vorgelegt, mit 20 ml dest. H$_2$O und etwa 1 ml einer 1 M HNO$_3$ auf pH 2 eingestellt. Die Vorlage wird mit einer 0,1 M AgNO$_3$-Lösung potentiometrisch titriert.

2. Spektroskopische Untersuchungen

2.1. NMR-Spektroskopie

Die NMR-spektroskopischen Untersuchungen wurden an Lösungen, die sich in abgeschmolzenen NMR-Röhrchen (Glasdurchmesser = 5 mm) befinden, durchgeführt.

NMR-Spektrometer: Bruker AMX 300

      Bruker AVANCE 400

^{1}H- und ^{13}C-NMR-Verschiebungen wurden an internen Standards kalibriert:
^{1}H: C$_6$D$_5$H (δ = 7,16 ppm); ^{13}C: C$_6$D$_6$ (δ = 7,16 ppm).

Die ^{29}Si-Verschiebung wurden mit dem externen Standard ^{29}Si: SiMe$_4$ (δ = 0 ppm) kalibriert.

Chemische Verschiebungen sind in ppm angegeben und erhalten ein positives Vorzeichen, wenn das Signal der fraglichen Verbindung bei tieferer Feldstärke detektiert wird als das des Standards. Kopplungskonstanten sind als Absolutwerte angegeben.

Die Messungen wurden von Dr. E. Matern und Frau S. Berberich durchgeführt.

2.2. EDX-Messungen

Rasterelektronenmikroskop: Zeiss Supra^{TM} 40 VP

Röntgenfluoreszensmessungen: EDAX PV7715/89ME (detecting unit)

Software: AMETEK GmbH, Genesis 4.52

Die Messungen wurden in Zusammenarbeit mit Dr. S. Diewald vorgenommen.

2.3. Massenspektrometrie

Sämtliche massenspektrometrischen Experimente wurden an einem kommerziellen *Ultima FT-ICR-MS* der Firma *Ionspec*^{TM} durchgeführt. Das System besteht aus einer zentralen Datenverarbeitungsstation, einem 7T Magneten und aus zwei komplett unabhängigen Massenspektrometereinheiten (eine mit ESI- und eine mit MALDI-Ionenquelle), deren Analysatorbereiche je nach Bedarf in das Magnetfeld eingebracht werden. Dabei wurde in dieser Arbeit nur die Einheit mit der ESI-Ionenquelle eingesetzt. Jedes Massenspektrometer hat ein eigenes, differenzielles Pumpsystem, welches aus einer Drehschieberölpumpe (Edwards), einer Turbomolekularpumpe (Pfeiffer) und einer Kryopumpe mit zwei Kaltköpfen (Somitomo Heavy Industries) besteht. Dadurch kann im Analysatorbereich ein Druck von $1 \cdot 10^{-10}$ mbar realisiert werden. Die Gaseinlassysteme bestehen aus zwei Pulsventilen (Parker) und einem Leckventil. Die ursprüngliche ESI-Ionenquelle (Analytica of Bradford) wurde im vorderen Quellenbereich durch eine selbstgebaute Sprühkammer ersetzt, welche gegenüber der Umgebungsatmosphäre luftdicht abgeschlossen ist. Dadurch kann das Arbeiten unter Inertbedingungen gewährleistet werden.[135]

Probenbereitung:

Das Lösemittel der zu untersuchenden Reaktionslösungen wurde unter Vakuum entfernt und der Rückstand in absolutem Tetrahydrofuran gelöst und hochverdünnt. Die verdünnte Analytenlösung wird anschließend mit einer Spritze bei einer kontinuierlichen Rate von 5µl/min durch die geerdete Edelstahlkapillare in die Sprühkammer gesprüht.

2.4. Quantenchemische Methoden

Mittels quantenchemischer Rechnungen werden im Rahmen dieser Arbeit Molekülstrukturen der mit Hilfe der massenspektrometrischen Untersuchungen identifizierten Verbindungen berechnet, sowie die mit Hilfe von Kristallstrukturanalyse charakterisierten Verbindungen modelliert. Die im ersten Fall berechneten Minimumstrukturen können die in Realität vorliegenden Stukturen darstellen, sofern das globale Minimum gefunden wurde. Im zweiten Falle können weitere Eigenschaften wie die Topologie und die elektronische Struktur der Moleküle besser verstanden werden. Zusätzlich erhält man

Aufschluss über Reaktionsmechanismen. Im Folgenden werden die Grundzüge der je nach Problemstellung verwendeten, unterschiedlichen Verfahren kurz beschrieben.

Hartree-Fock

Unter Annahme der Gültigkeit der Born-Oppenheimer-Näherung[136] wird bei festgehaltenen Kernkoordinaten die elektronische Wellenfunktion optimiert. Das Hartree-Fock-Verfahren[137] ist der einfachste Ansatz zur Beschreibung von Vielelektronsystemen. Die Gesamtwellenfunktion wird mit einer Determinante angesetzt und nach dem Variationsverfahren optimiert. Mit dieser Methode erhält man das so genannte „Self-Consistent-Field" (SCF). Hier wird die Wechselwirkung der Elektronen mit dem mittleren Feld der übrigen betrachtet, d.h. die Elektronenkorrelation wird nicht berücksichtigt. Wählt man zur Darstellung der Wellenfunktion atomzentrierte Basisfunktionen („LCAO-Ansatz"), spricht man vom Roothaan-Hall-Verfahren. Die pro Atom verwendeten Basisfunktionen berechnet man als Basissatz. Der Energieunterschied zwischen der mit der exakten Wellenfunktion berechneten Energie und der mit der Hartree-Fock-Wellenfunktion ermittelten wird als Korrelationsenergie bezeichnet.

Dichtefunktionaltheorie DFT

Bei der Dichtefunktionaltheorie werden die Moleküleigenschaften als Funktion der Elektronendichte beschrieben. Heutzutage wird meist das Khon-Sham-Verfahren[138,139] angewandt, das man als modifiziertes Hartree-Fock-Verfahren bezeichnen kann. Im Fock-Operator wird dabei der Austausch-Operator ganz oder teilweise durch ein effektives, dichteabhängiges Ein-Elektronen-Potential ersetzt, welches auch Korrelationseffekte genähert berücksichtigt (Austausch-Korrelations-Potential). Es existiert eine Reihe von Funktionalen, die ein solches Austausch-Korrelations-Potential definieren. Bei den hier durchgeführten DFT-Rechnungen fand das Funktional BP86[140a-d] Anwendung.

Geometrieoptimierung und Schwingungsfrequenzen

Die Minima der durch die Kernkoordinaten definierten Energiehyperfläche werden entsprechend der Born-Oppenheimer-Näherung als Gleichgewichtsstrukturen interpretiert. Die zwei Ableitungen an diesen Punkten definieren das harmonische Kraftfeld des Moleküls, aus denen die harmonische Normalschwingungen berechnet werden.

Verwendetes Programmpaket

Die im Rahmen dieser Arbeit beschriebenen theoretischen Untersuchungen beruhen auf quantenchemischen Rechnungen an vereinfachten Modellsystemen mit dem Programmpaket TURBOMOLE.[140a-l] Dichtefunktionalrechnungen wurden mit dem Modul I-DFT durchgeführt. Dabei wurde das BP86-Funktional mit SVP und TZVPP-Basissätzen verwendet.

2.5. Kristallstrukturbestimmung

Die röntgenografische Bestimmung wurde an ausgesuchten Einkristallen durchgeführt. Die verwendeten Einkristalle wurden unter Schutzgas (Ar) in eine mit Mineralöl gefüllte Petrischale überführt. Anschließend wurden die Kristalle unter einem Mikroskop präpariert. Die so präparierten Kristalle wurden daraufhin auf das Ende eines Glasfadens, der sich auf der Spitze eines Goniometerkopfes befindet, befestigt und sofort in den zur Kühlung verwendeten kalten Stickstoffstrom gebracht. Im kühlen Stickstoff erstarrt das Mineralöl glasartig, wodurch der Kristall fixiert und vor atmosphärischen Einflüssen geschützt wird. Zur Messung standen zwei Geräte der Firma STOE (IPDS I und II) zur Verfügung, die durch Kühlvorrichtung der Firma OXFORD CRYOSYSTEMS Messtemperaturen von bis zu 100K ermöglichen. Die Geräte arbeiten dabei mit einer monochromatisierten $MoK\alpha$-Strahlung ($\lambda = 0,71973$).

Verwendete Software:

Datensammlung: Stoe X-Area, Stoe X-Red
Strukturlösung: ShelXL 97
Strukturverfeinerung : ShelXS 97
Graphische Darstellung: Diamond
Datenbanken: CCSD/ICSD

2.6. Darstellung der beschriebenen Verbindungen

Ge$_9$(Si(SiMe$_3$)$_3$)$_3^-$ 1:

Anmerkung: Die hier beschriebene Synthese von 1 stellt eine ausbeuteoptimierte Variante zu der in der Literatur beschrieben dar.

Im Graphitreaktor werden ca. 5g Germanium auf die fünf Böden verteilt. Die Kokondensationsapparatur wird über Nacht auf ca. 1·10^{-6} evakuiert und am nächsten Morgen, nach Befüllen der Kühlfalle mit flüssigem Stickstoff, ausgeheizt. Anschließend wird die Edelstahlglocke mit flüssigem Stickstoff gekühlt. Vor Einleiten des HBr-Gases werden ca. 50 ml von insgesamt ca. 275 ml des Lösemittelgemisches (Toluol/N^{n}Pr$_3$ 10:1) einkondensiert. Anschließend wird der Reaktor auf Reaktionstemperatur gebracht und 20 mmol des HBr-Gases werden mit einer konstanten Rate von 0,177 mmol/min über das heiße Germanium geleitet. Nach beendeter Reaktion wird die Stickstoffkühlung entfernt und die Edelstahlglocke mit Trockeneis auf -78°C erwärmt und mit Inertgas (N$_2$) geflutet. Nach einer Stunde Rühren bei -78°C wird eine ebenfalls auf -78°C gekühlte Lösung von 10,4 g (22 mmol) (THF)$_3$LiSi(SiMe$_3$)$_3$ in ca. 100 ml Toluol zugegeben und erneut eine Stunde bei -78°C gerührt. Anschließend wird das Trockeneis entfernt, langsam unter Rühren auf Raumtemperatur erwärmt und die Reaktionslösung über eine Edelstahkanüle in ein Schlenkgefäß überführt. Das Lösemittel wird unter Vakuum entfernt und der schwarze Rückstand mit ca. 200 ml Heptan aufgenommen. Die Heptanlösung wird abfiltriert und bei 80°C über Nacht im Trockenschrank gelagert. Anschließend wird die Lösung heiß abfiltriert. Bei Abkühlen auf Raumtemperatur fallen bereits große Mengen von **1** in Form orangefarbener Kristalle aus. Nach Abfiltrieren und Lagern der Lösung bei 6°C kann eine weitere Fraktion von **1** mit einer Ausbeute von insgesamt 800 (-1200) mg erhalten werden.

<u>*Ge₄R₄R*₃⁻* **8:**</u>

In einem 250 ml Rundkolben mit Hahn werden 5,61 g (22 mmol) der Verbindung $Li[(SiMe_3)N(2,6-^iPr_2C_6H_3)]$ vorgelegt und in ca. 100 ml Toluol aufgelöst und anschließend in einen Zugabekolben überführt. Nach Beendigung der Kokondensation wird die Glocke der Apparatur zunächst von -196 °C auf -78 °C erwärmt um die Lösemittelmatrix (Toluol/$^nPr_3N$ im Verhältnis 10:1) aufzuschmelzen. Anschließend wird mit flüssigem Stickstoff wieder auf -196°C gekühlt. Der Zugabekolben wird im N_2-Gegenstrom an einer Öffnung auf der Oberseite der Apparatur angebracht und die ungekühlte Ligandlösung schnell zugegeben. Die Kühlung mit flüssigem Stickstoff wird entfernt und mit Trockeneis erneut auf -78°C erwärmt. Nach einer Stunde Rühren wird die Kühlung entfernt und langsam auf Raumtemperatur erwärmt. Anschließend wird die schwarze Reaktionslösung über eine Edelstahlkanüle in ein Schlenkgefäß überführt. In der Glocke verbleibt eine größere Menge GeBr in Form eines schwarzen Öls. Die Reaktionslösung wird in einen 1l Rundkolben mit Hahn überführt und das Lösemittel unter Vakuum entfernt. Anschließend wird zunächst mit Pentan (schwarzer Extrakt), dann mit Toluol (brauner Extrakt) und abschließend mit Diethylether (orangefarbener Extrakt) und THF (schwarzer Extrakt) extrahiert. Dabei lösen sich folgende Mengen in den Extrakten.

Lösemittel	Gelöste Menge
Pentan	6,3 g
Toluol	500 mg
Diethylether	236 mg
THF	714 mg

Mit Hilfe massenspektrometrischer Untersuchungen kann bei m/z = 1545 die Verbindung $Ge_4R_4R^*_3{}^-$ **8** im Pentanextrakt nachgewiesen werden. Zudem kristallisiert aus Pentan die Eduktverbindung $Li[(SiMe_3)N(2,6-^iPr_2C_6H_3)]$.

_Ge$_6$SiR$_5^{2-}$_ **10**:

In der Glovebox werden 5,61 g (22 mmol) der Verbindung Li[(SiMe$_3$)N(2,6-^{i}Pr$_2$C$_6$H$_3$)] in einem 250 ml Rundkolben mit Hahn eingewogen. Außerhalb der Box wird die Ligandverbindung in ca. 100 ml Toluol gelöst und mit 66 mmol THF versetzt. Nach Überführen in einen Zugabekolben wird das Gemisch auf -78°C gekühlt. Nach Beendigung der Kokondensation wird die Glocke auf -78°C erwärmt, der Zugabekolben an der Apparatur angebracht und die gekühlte Ligandlösung zu der Germaniummonohalogenidlösung, mit dem Lösemittelgemisch Toluol/^{n}Pr$_3$N im Verhältnis 10:1 zugegeben. Nach einer Stunde Rühren bei -78°C wird auf Raumtemperatur erwärmt und die schwarze Reaktionslösung in eine Schlenkgefäß überführt. Das Lösemittel wird unter Vakuum entfernt und der schwarze Rückstand mit Pentan aufgenommen, die Lösung färbt sich dabei schwarz-braun. Die Lösung wird abfiltriert und der schwarze ölige Rückstand mit Toluol aufgenommen. Die Lösung färbt sich schwarz und es bleibt nach Filtrieren ein weißer Rückstand (LiBr). Mit Hilfe von massenspektrometrischen Untersuchungen konnte im Pentanextrakt die Verbindung **10** (m/z = 1800) identifiziert werden. Im Toluolextrakt konnten keine ionischen Spezies nachgewiesen werden.

Lösemittel	gelöste Menge
Pentan	6,3 g
Toluol	1,1 g

$Ge_3R_3R_2^{*-}$ (R = FeCp(CO)$_2$; R* = FeCpCO) **13**, $Ge_6R_6R^{*-}$ **14**, $Ge_6R_3R_2^{*-}$ **15** und $Ge_6R_4R^{*-}$ **27**

In einem 100 ml Rundkolben mit Hahn werden 1,18 g (5,5 mmol) der Verbindung KFeCp(CO)$_2$ vorgelegt und mit Trockeneis auf -78°C gekühlt. Anschließend werden 5 mmol einer -55 °C kalten Germaniummonobromidlösung (Lösemittelgemisch: THF/CH$_3$CN/N^{n}Bu$_3$) im Stickstoffgegenstrom zugegeben. Die Reaktionslösung wird von -78 °C auf -55 °C erwärmt und unter Rühren über Nacht langsam weiter auf Raumtemperatur erwärmt. Die Lösung färbt sich dabei von dunkelrot nach schwarz. Das Lösemittelgemisch wird unter Vakuum entfernt und der Rückstand zuerst mit Pentan und dann mit Toluol gewaschen. Der schwarze Rückstand wird mit THF aufgenommen und massenspektrometrisch untersucht. Dabei können aus verschiedenen Ansätzen mit unterschiedlichen GeBr-Lösungen die Verbindungen **13** (m/z = 1045), **14** (m/z = 1648), **16** (m/z = 1264) und **27** (m/z = 1292) identifiziert werden. Die GeBr-Lösungen unterscheiden sich dabei marginal in Konzentration und Ge/Br-Verhältnis.

$Ge_7R_{15}Li_6(THF)_6$ **18**

0,483 g (5,5 mmol) der Verbindung LiOSiMe$_3$ werden in einem 100 ml Kolben mit Hahn vorgelegt und mit Trockeneis auf -78 °C gekühlt. Anschließend werden 5 mmol der -40 °C kalten Germaniummonobromidlösung (Lösemittelgemisch: 1,2-Difluorbenzol/N^{n}Bu$_3$) im Stickstoffgegenstrom zugegeben. Die Trockeneiskühlung wird entfernt und die Reaktionslösung mit einer -40°C kalten Isopropanol/Trockeneis-Kältemischung gekühlt. Die Reaktionslösung wird über Nacht auf Raumtemperatur erwärmt, wobei keine Farbänderung zu beobachten ist. Das Lösemittelgemisch wird unter Vakuum entfernt und der Rückstand erst mit Pentan und anschließend mit Toluol gewaschen. Der dunkelrote Rückstand wird mit Diethylether aufgenommen und bei 6 °C über Nacht gelagert. Dabei werden orangefarben rechteckige Kristalle von **18** erhalten (ca. 100mg).

Ge$_6$[(SiMe$_3$)N(2,6-^{i}Pr$_2$C$_6$H$_3$)]$_5^-$ 19 und Ge$_6$[(SiMe$_3$)N(2,6-^{i}Pr$_2$C$_6$H$_3$)]$_5$(NSiMe$_3$)$^-$ 20

In einem 100 ml Rundkolben mit Hahn werden 5 mmol einer Germaniummonobromidlösung vorgelegt und auf -40°C gekühlt. Unter Rühren werden langsam 1,4 g (5,5 mmol) der in ca. 50 ml THF gelösten Verbindung Li[(SiMe$_3$)N(2,6-^{i}Pr$_2$C$_6$H$_3$)] zugetropft. Das Reaktionsgemisch wird über Nacht langsam auf Raumtemperatur erwärmt, dabei färbt sich die Lösung von rot nach dunkelrot. Das Lösemittelgemisch wird unter Vakuum entfernt und der dunkelrote Rückstand mit Pentan aufgenommen, dabei färbt sich die Lösung orangebraun. Die Lösung wird abfiltriert und der rote Rückstand löst sich in THF, wobei eine rote Lösung erhalten wird. Anhand massenspektrometrischer Untersuchungen konnten in dem Pentanextrakt die Verbindungen **19** und **20** identifiziert werden. Zudem können nach lagern des Pentanextraktes über Nacht bei 6°C, farblose Kristalle des Germylens Ge[(SiMe$_3$)N(2,6-^{i}Pr$_2$C$_6$H$_3$)]$_2$ (267 mg, 0,46 mmol) erhalten werden. Durch die massenspektrometische Untersuchung des THF-Extraktes konnten keine weitere ionische Spezies identifiziert werden.

Lösemittel	gelöste Menge
Pentan	1,1 g
THF	0,6 g

$Ge_4Si_2[(SiMe_3)N(2,6-^iPr_2C_6H_3)]_4(NSiMe_3)^-$ **21** _und_ $Ge_{10}(NSiMe_3)_7^-\cdot4P^nBu_3$ **22**

1,4 g (5,5 mmol) der Verbindung $Li[(SiMe_3)N(2,6-^iPr_2C_6H_3)]$ werden in einem 100 ml Kolben mit Hahn vorgelegt und mit Trockeneis auf -78 °C gekühlt. Anschließend werden 5 mmol der -78 °C kalten Germaniummonobromidlösung (Lösemittelgemisch: Toluol/P^nBu_3) im Stickstoffgegenstrom zugegeben. Die Trockeneiskühlung wird entfernt und die Reaktionslösung mit einer -60 °C kalten Isopropanol/Trockeneis-Kältemischung gekühlt. Die Reaktionslösung wird über Nacht auf Raumtemperatur erwärmt. Dabei verfärbt sich die Lösung von orange nach braun. Das Lösemittelgemisch wird unter Vakuum entfernt und der Rückstand mit Heptan aufgenommen. Die Lösung färbt sich dabei braun. Nach Abfiltrieren wird der Heptanextrakt über Nacht bei 120 °C gelagert. Dabei fällt ein schwarzer Rückstand aus der sich schlecht in Diethylether und gut in THF löst. Die THF-Lösung wurde massenspektrometrisch Untersucht und die Verbindungen **21** (m/z = 1426) und **22** (m/z = 2147) anhand ihrer Isotopenmuster identifiziert.

$Ge_9R_5O^-$ **23** $Ge_9R_3O_2^-$ **24**, $Ge_{11}R_7O^-$ **25** _und_ $Ge_{11}R_5O_2^-$ **26** $(R = O^tBu)$

In einem 100 ml Rundkolben mit Hahn werden 0,616 g (5,5 mmol) der Verbindung KO^tBu vorgelegt und auf -78°C gekühlt. Anschließend werden 5 mmol einer -78°C kalten Germaniummonohalogenidlösung (Lösemittelgemisch: Toluol/P^nBu_3) zugegeben. Die Lösung wird langsam über Nacht auf Raumtemperatur erwärmt, dabei ändert sich die Farbe der Lösung von orange nach rotbraun. Das Lösemittelgemisch wird unter Vakuum entfernt und der rotbraune Rückstand mit Heptan aufgenommen. Dabei färbt sich die Lösung orange. Die Lösung wird abfiltriert und der braune Rückstand mit Toluol aufgenommen, dabei färbt sich die Lösung dunkelrot und es bleibt ein weißer

Rückstand (KBr) zurück. Beide Extrakte werden massenspektrometisch untersucht. In den Massenspektren des Heptanextraktes können die Signalgruppen der Verbindungen **23** (m/z = 1641), **24** (m/z = 1511), **25** (m/z =1933) und **26** (m/z = 1803) identifiziert werden. Demgegenüber können im Toluolextrakt keine ionischen Verbindungen nachgewiesen werden.

Lösemittel	gelöste Menge
Pentan	544 mg
Toluol	236 mg

$HgGe_{18}(Si(SiMe_3)_3)_6$ **51a**

300 mg (0,18 mmol) $(THF)_4LiGe_9(Si(SiMe_3)_3)_3$ **1** werden in ca. 100 ml THF gelöst und auf   -45°C gekühlt. Anschließend wird eine Lösung von 24,4 mg (0,09 mmol) $HgCl_2$ in 20 ml THF langsam unter Rühren zugetropft. Die Reaktionslösung wird langsam über Nacht auf Raumtemperatur erwärmt, dabei ist eine Farbänderung von rot nach braun zu beobachten. Das Lösemittel wird unter Vakuum entfernt und der braune Rückstand mit Pentan aufgenommen, dabei färbt sich die Lösung braun. Nach Abfiltrieren wird der Pentanextrakt bei 6 °C im Kühlschrank gelagert, wobei rote Kristalle von **51a**·2Pentan erhalten werden (177,8 mg, 0,056 mmol, 63%).

^{1}H NMR (250 MHz, THF-D$_8$): δ 0.26 (s, SiMe$_3$); ^{13}C NMR(63MHz, THF-D$_8$) δ 2.21 (CH$_3$); ^{29}Si{^{1}H}NMR(50 MHz, THF-D$_8$): δ -9.68 (SiMe$_3$), -102.5 (Si).
IR (Kristall): ṽ 2947(s), 2930(w, sh), 2891(s), 2854(w), 1254(w,sh), 1241(s), 818(vs), 742(w), 682(s), 619(s) cm^{-1}.

<u>*CdGe₁₈(Si(SiMe₃)₃)₆* **51b**</u>: $CdGe_{18}(Si(SiMe_3)_3)_6$ **51b**:

Bei Raumtemperatur werden 10,9 mg $CdCl_2$ (0,06 mmol) in ca. 100 ml THF suspendiert. Zu der erhaltenen Suspension wird eine Lösung von 200 mg $(THF)_4LiGe_9(Si(SiMe_3)_3)_3$ **1** (0,12 mmol) in ca. 100 ml THF langsam zugetropft. Die Reaktionsmischung wird zwei Tage bei Raumtemperatur gerührt. Dabei färbt sich die Reaktionslösung von orange nach orange-braun. Das Lösemittel wird unter Vakuum entfernt und der braune Rückstand mit Pentan aufgenommen; die Lösung färbt sich dabei orange-braun. Nach abfiltrieren wird der Pentanextrakt über Nacht bei 6°C gelagert. Dabei werden rote Kristalle von **51b**·2Pentan erhalten (85,4 mg, 0,028 mmol, 48%).

^1H NMR (250 MHz, THF-D_8): δ 0.31 (s, $SiMe_3$); ^{13}C NMR (63MHz, THF-D_8) δ 2.31 (CH_3); $^{29}Si\{^1H\}NMR(50$ MHz, THF-D_8): δ -9 59 ($SiMe_3$), -105.3 (Si).
IR (Kristall): ṽ 2950(w), 2924(vw), 2894(w), 2854(w), 1258(w,sh), 1241(s), 821(vs), 745(w), 682(s), 620(s) cm^{-1}.

<u>*ZnGe₁₈(Si(SiMe₃)₃)₆* **51c**</u>: $ZnGe_{18}(Si(SiMe_3)_3)_6$ **51c**:

Eine Lösung von 200 mg $(THF)_4LiGe_9(Si(SiMe_3)_3)_3$ **1** (0,12 mmol) in ca. 100 ml THF werden auf -45°C gekühlt. Zu dieser Lösung wird eine $ZnCl_2$-Lösung (7 mg , 0,06 mmol in ca. 20 ml THF gelöst) in einem Zeitraum von 15 min zugetropft. Anschließend wird das Reaktionsgemisch langsam auf Raumtemperatur erwärmt, wobei keine Verfärbung beobachtet werden kann. Das Lösemittel wird entfernt und der orangebraune Rückstand wird mit Pentan aufgenommen, dabei wird eine orangefarbene Lösung erhalten wird. Nach Abfiltrieren vom farblosen Rückstand wird der Pentanextrakt über Nacht bei

6°C im Kühlschrank gelagert. Dabei werden orangerote Kristalle von **51c** erhalten (150 mg 0,05 mmol 87%).

^1H NMR (250 MHz, THF-D_8): δ 0.40 (s, SiMe$_3$); ^{13}C NMR (63MHz, THF-D_8): δ 2.35 (CH$_3$); $^{29}Si\{^1H\}$NMR(50 MHz, THF-D_8): δ -9.58 (SiMe$_3$), -108.06 (Si). IR (Crystal): $\tilde{v}$ 2940(w, sh), 2931(s), 2890(w, sh), 2851(w), 1258(w), 1241(s), 824(vs), 745(w), 686(s), 620(s) cm^{-1}.

HPtGe$_{18}$(Si(SiMe$_3$)$_3$)$_6$$^-$ **55a:**

50 mg (0,03 mmol) (THF)$_4$LiGe$_9$(Si(SiMe$_3$)$_3$)$_3$ **1** werden in ca. 100 ml gelöst. Die Lösung wird auf -45°C gekühlt und 37 mg (0,015 mmol) Pt(PPh$_3$)$_4$ in ca. 20 ml THF werden langsam zugetropft. Die Reaktionslösung wird über Nacht auf Raumtemperatur erwärmt, dabei verfärbt sich das Reaktionsgemisch von orange nach schwarz. Mit Hilfe von massenspektrometrischen Untersuchungen kann **55a** identifiziert werden.

[(TMEDA)$_2$Li][(CO)$_3$CrGe$_9$(Si(SiMe$_3$)$_3$)$_3$] **58a*:**

Nach versetzen einer Lösung von 50 mg (0,023 mmol) **58a** in ca. 100 ml Pentan bei Raumtemperatur mit wenigen Tropfen TMEDA (Tetramethylethylendiamin), wird die Lösung über Nacht bei 6°C im Kühlschrank gelagert. Dabei werden Dunkle Kristalle von **58a*** erhalten. Die Ausbeute ist nach mehrmaligem Abfiltrieren und Einengen quantitativ.

^1H NMR (250 MHz, THF-D_8): δ 0.33 (s, SiMe$_3$); ^{13}C NMR (63MHz, THF-D_8): δ 2.26 (CH$_3$); $^{29}Si\{^1H\}$NMR(50 MHz, THF-D_8): δ -9.34 (SiMe$_3$), -106.2 (Si).

[(THF)₃Li][(CO)₃MoGe₉(Si(SiMe₃)₃)₃]
*/[(TMEDA)₂Li][(CO)₃MoGe₉(Si(SiMe₃)₃)₃]***58b/58b*****

Zu einer -45°C kalten Lösung von 200 mg $(THF)_4LiGe_9(Si(SiMe_3)_3)_3$ **1** (0,12 mmol) in ca. 100 ml THF wird unter Rühren eine Lösung von 44,8 mg (0,13 mmol) $(CH_3CH_2CN)_3Mo(CO)_3$ in ca. 50 ml THF langsam zugetropft. Das Reaktionsgemisch wird über Nacht langsam auf Raumtemperatur erwärmt, dabei färbt sich die Lösung dunkelrot. Nach einer Woche Rühren bei Raumtemperatur wird das Lösemittel unter Vakuum entfernt und der schwarze Rückstand mit Pentan aufgenommen, die Lösung färbt sich dabei Dunkelrot. Nach Abfiltrieren wird der Pentanextrakt über Nacht bei 6°C gelagert. Dabei werden dunkelrote Kristalle von **58b** erhalten. (136 mg, 0,08 mmol, 66,7%).

Eine Lösung von 50 mg (0,02 mmol) **58b** in ca. 100 ml Pentan wird bei Raumtemperatur mit wenigen Tropfen TMEDA (Tetramethylethylendiamin) versetzt. Die Lösung wird über Nacht bei 6 °C im Kühlschrank gelagert. Dabei werden Dunkle Kristalle von **58b*** erhalten, nach mehrmaligem Einengen mit quantitativer Ausbeute.

^{1}H NMR (250 MHz, THF-D$_8$): δ 0.30 (s, SiMe$_3$); ^{13}C NMR (63MHz, THF-D$_8$): δ 2.29 (CH$_3$); ^{29}Si{^{1}H}NMR(50 MHz, THF-D$_8$): δ -9.35 (SiMe$_3$), -107.2 (Si).

[(TMEDA)₂Li][(CO)₃WGe₉(Si(SiMe₃)₃)₃] **58c*:**

200 mg (0,12 mmol) $(THF)_4LiGe_9(Si(SiMe_3)_3)_3$ **1** werden in ca. 100 ml THF gelöst und auf   -45 °C gekühlt. Anschließend wird eine Lösung von 50,8 mg (0,13 mmol) $(CH_3CN)_3W(CO)_3$ in ca. 100 ml THF langsam zugetropft. Die Reaktionslösung wird über Nacht auf Raumtemperatur erwärmt, dabei färbt sich die Lösung von orange nach dunkelrot. Nach einer Woche rühren bei

Raumtemperatur wird das Lösemittel unter Vakuum entfernt und der schwarze Rückstand mit Pentan aufgenommen. Nach Abfiltrieren wird der Pentanextrakt mit wenigen Tropfen TMEDA versetzt und über Nacht bei 6°C im Kühlschrank gelagert. Dabei werden wenige dunkelrote Kristalle von **58c*** erhalten.

^{1}H NMR (250 MHz, THF-D$_8$): δ 0.29 (s, SiMe$_3$); ^{13}C NMR (63MHz, THF-D$_8$): δ 2.31 (CH$_3$); ^{29}Si{^{1}H}NMR(50 MHz, THF-D$_8$): δ -9.39 (SiMe$_3$), -107.8 (Si).

2.7. Massenspektrometrische Daten

Isotopenmuster der Verbindungen **16** und **18** aus der Umsetzung von GeBr (Lösemittel: 1,2-Difluorbenzol/N^{n}Bu$_3$) mit LiOSiMe$_3$.

$[Ge_7O_2(OSiMe_3)_{11}Li_6THF_6]^-$ **16**:

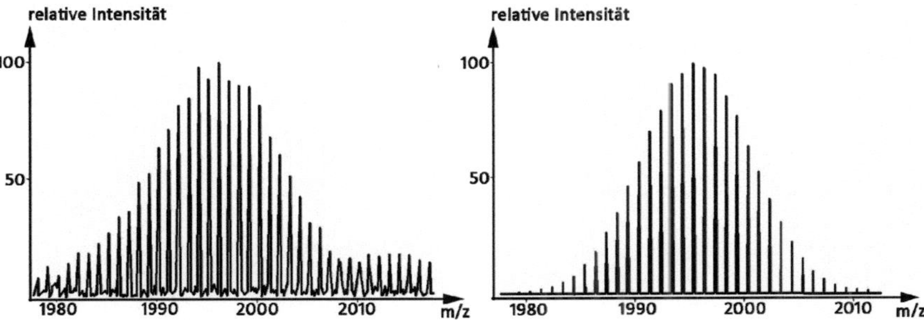

Abbildung 81: Links das gemessene, rechts das berechnete Isotopenmuster von **16**.

$[Ge_7(OSiMe_3)_{15}Li_6THF_6]^-$ **18**

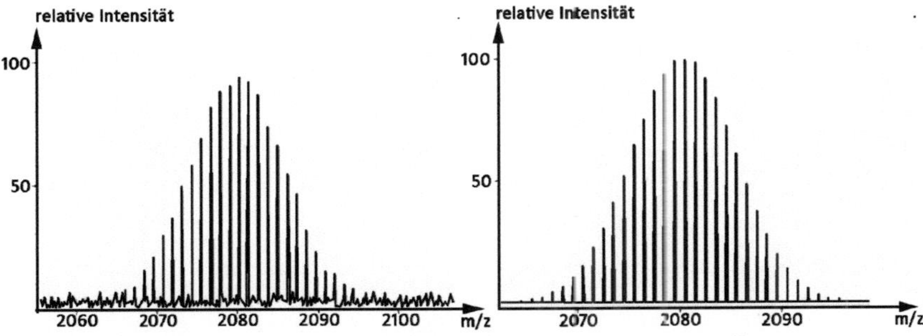

Abbildung 82: Links das gemessene, rechts das berechnete Isotopenmuster von **18**.

Isotopenmuster der Verbindungen **19** und **20** aus der Umsetzung von GeBr (Lösemittel 1,2-Difluorbenzol/N^{n}Bu$_3$) mit Li[(SiMe$_3$)N(2,6,-^{i}Pr$_2$C$_6$H$_3$)]:

Ge$_6$[(SiMe$_3$)N(2,6-^{i}Pr$_2$C$_6$H$_3$)]$_5^-$ **19**:

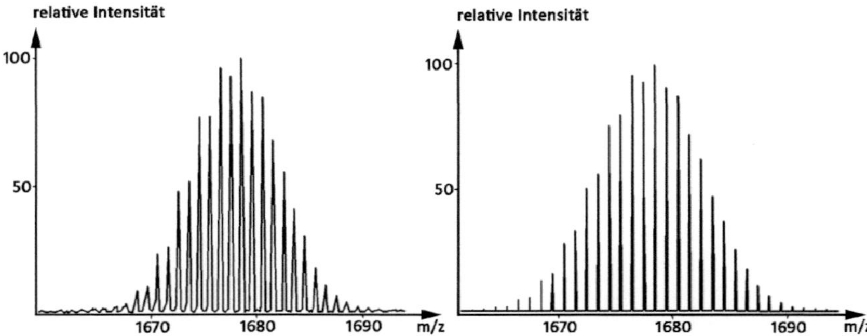

Abbildung 83: Links das gemessene, rechts das berechnete Isotopenmuster von **19**.

Ge$_6$[(SiMe$_3$)N(2,6-^{i}Pr$_2$C$_6$H$_3$)]$_5$NSiMe$_3^-$ **20**:

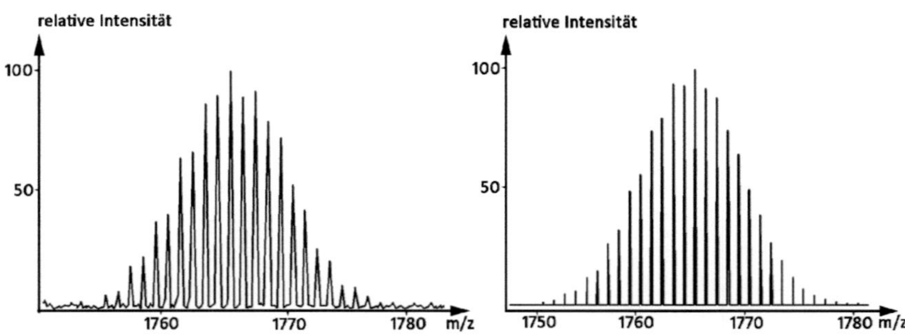

Abbildung 84: Links das gemessene, rechts das berechnete Isotopenmuster von **20**.

174

Isotopenmuster der Verbindungen **21** und **22** aus der Umsetzung von GeBr
(Lösemittel: Toluol/P^nBu_3) mit $Li[(SiMe_3)N(2,6,-^iPr_2C_6H_3)]$:

$Ge_4Si_2R_4R^{*-}$ (R = $[(SiMe_3)N(2,6-^iPr_2C_6H_3)]$; $R^*=NSiMe_3$) **21**:

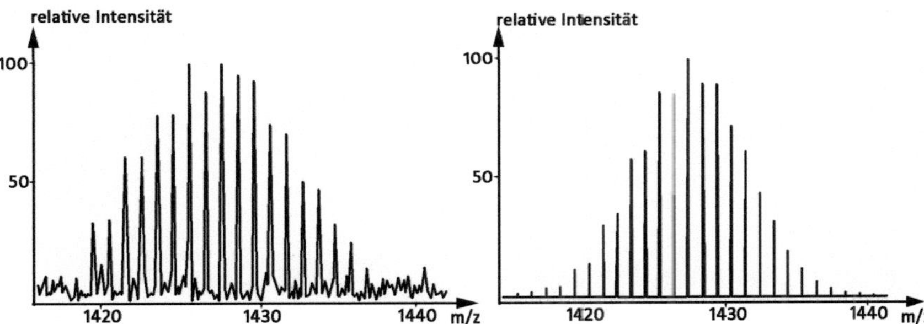

Abbildung 85: Links das gemessene, rechts das berechnete Isotopenmuster von **21**.

$Ge_{10}R^*_7{}^- \cdot 4P^nBu_3$ **22**:

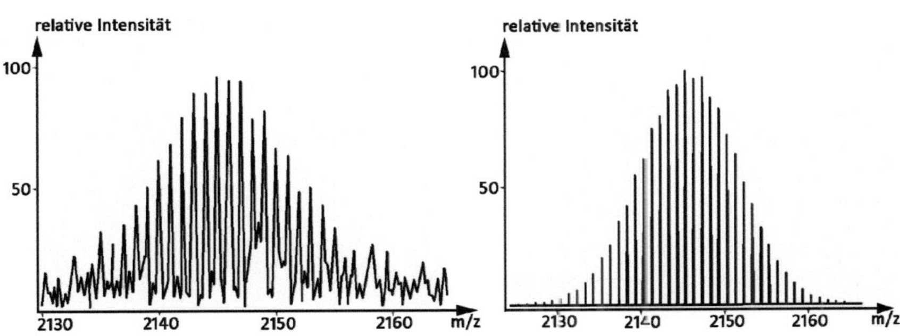

Abbildung 86: Links das gemessene, rechts das berechnete Isotopenmuster von **22**.

Vergleich gemessener und berechneter Isotopenverteilungen von Massenpeaks der Reaktionsprodukte von $[Ge_9R_3]^-$ **1** mit Cl_2 (Abschnitt B-III). Die Massenspektren wurden extern mittels Massenspektren anionischer Caesiumiodidcluster $(CsI)_nI^-$ kalibriert.

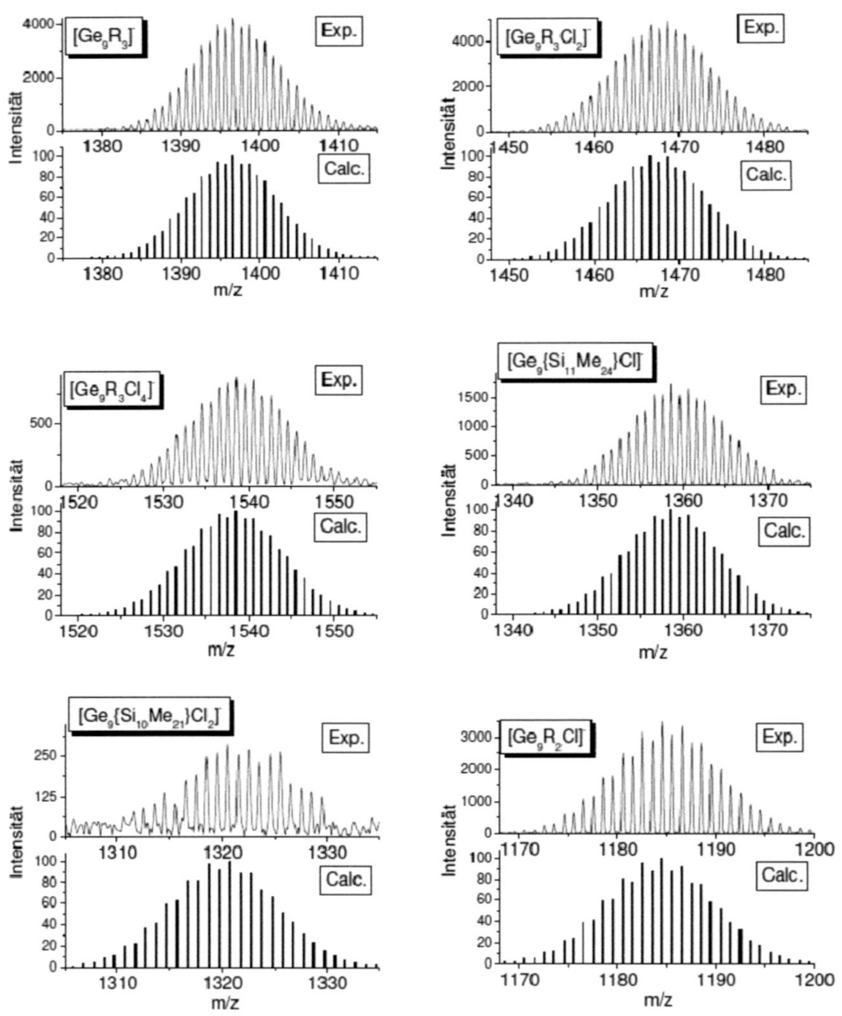

Abbildung 87a: Isotopenmuster der Verbindungen aus Kapitel III.-3.

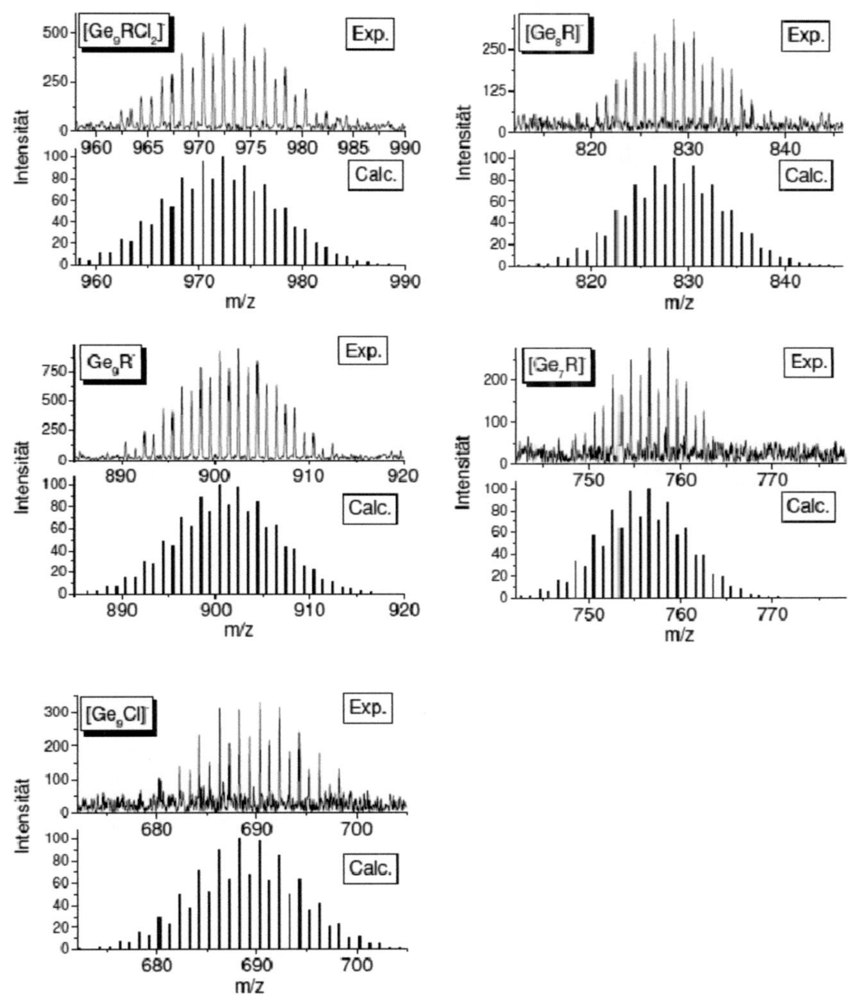

Abbildung 87b: Isotopenmuster der Verbindungen aus Kapitel III.-3.

Vergleich gemessener und mit dem Programm *IsoPatrn*[141] berechneter Isotopenverteilungen von Massenpeaks der Fragmentionen nach kollisionsinduzierter Dissoziation von [Ge$_9$R$_3$]⁻ mit Argon. Um eindeutige Aussagen treffen zu können, wurde ausschließlich der (P+28)-Peak der Isotopenverteilung von [Ge$_9$R$_3$]⁻ isoliert.

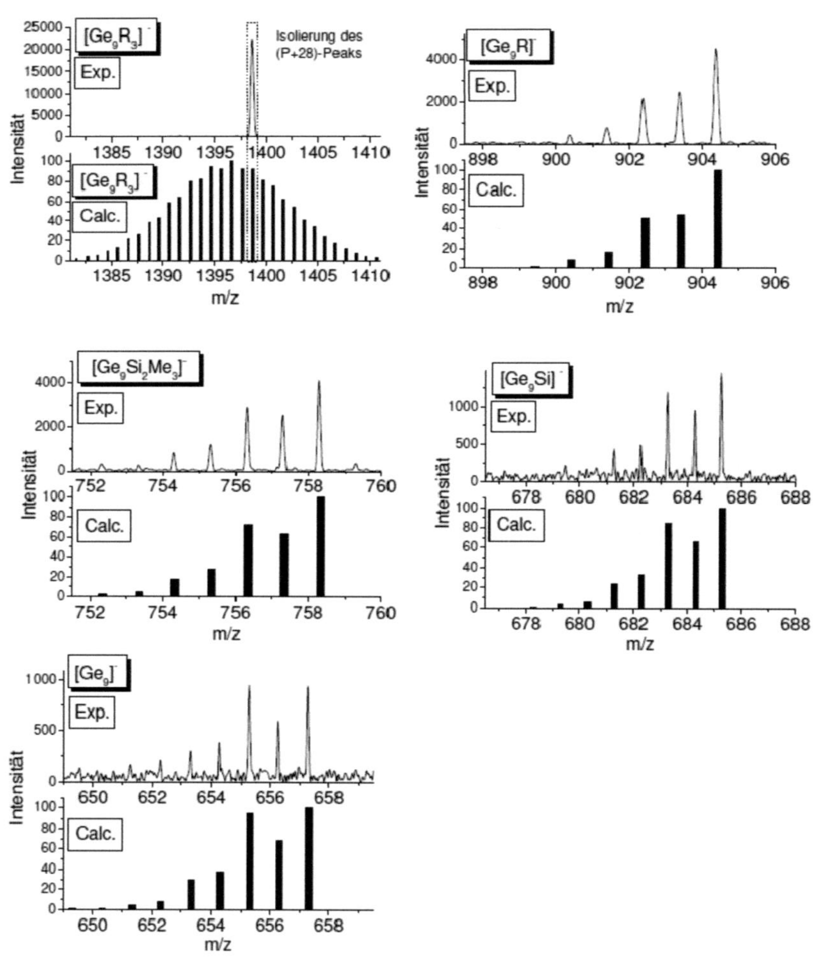

Abbildung 88: Isotopenmuster der Verbindungen aus Kapitel III.-3.

2.8. Kristallstrukturdaten

Summenformel	HgGe$_{18}$Si$_{24}$C$_{54}$H$_{162}$ **51a** $\cdot 2(C_5H_{12})$
T [K]	150
Molmasse	3137,5
Kristallfarbe	rot-orange
Kristallsystem	Monoklin
Raumgruppe	P2(1)/n
a [Å]	14.953(3)
b [Å]	19.069(4)
c [Å]	23.622(5)
α [°]	90
β [°]	92.29(3)
γ [°]	90
V [Å^3]	6730(10)
Z	2
μ [mm^{-1}]	5.329
δ [gcm^{-3}]	1.548
Gemessene Reflexe	45929
Symmetrieunabhängige Reflexe (I > 2σI)	9654
R(int.)	0.0739
Goof	1.001
R$_1$ (I < 2σ)	0.0449
wR$_2$ (alle Daten)	0.0960

	CdGe$_{18}$Si$_{24}$C$_{54}$H$_{162}$ **51b**
Summenformel	$\cdot 2(C_5H_{12})$
T [K]	150
Molmasse	3049,31
Kristallfarbe	rot-orange
Kristallsystem	Monoklin
Raumgruppe	P2(1)/n
a [Å]	14.956(3)
b [Å]	19.083(4)
c [Å]	23.622(5)
α [°]	90
β [°]	92.23(3)
γ [°]	90
V [Å^3]	6737(2)
Z	2
μ [mm^{-1}]	4.344
δ [gcm^{-3}]	1.503
Gemessene Reflexe	45713
Symmetrieunabhängige Reflexe (I > 2σI)	10171
R(int.)	0.0427
Goof	1.043
R$_1$ (I < 2σ)	0.0400
wR$_2$ (alle Daten)	0.0843

Summenformel	ZnGe$_{18}$Si$_{24}$C$_{54}$H$_{162}$ **51c**
T [K]	150
Molmasse	2857,99
Kristallfarbe	orange
Kristallsystem	Monoklin
Raumgruppe	C2/m
a [Å]	17.325(4)
b [Å]	25.671(5)
c [Å]	15.773(3)
α [°]	90
β [°]	113.51(3)
γ [°]	90
V [Å^3]	6430(10)
Z	2
μ [mm^{-1}]	4.566
δ [gcm^{-3}]	1.476
Gemessene Reflexe	19695
Symmetrieunabhängige Reflexe (I > 2σI)	5047
R(int.)	0.0521
Goof	1.048
R$_1$ (I < 2σ)	0.0403
wR$_2$ (alle Daten)	0.0998

Summenformel	$LiGe_9MoSi_{12}O_6C_{42}H_{105}$ **58b**
T [K]	199
Molmasse	1871,68
Kristallfarbe	dunkelrot
Kristallsystem	Monoklin
Raumgruppe	P2(1)/c
a [Å]	15,77
b [Å]	16,78
c [Å]	32,88
α [°]	90
β [°]	90.003
γ [°]	90
V [Å^3]	8711
Z	4
μ [mm^{-1}]	3.398
δ [gcm^{-3}]	1.428
Gemessene Reflexe	63795
Symmetrieunabhängige Reflexe (I > 2σI)	16097
R(int.)	0.0655
Goof	0.866
R_1 (I < 2σ)	0.0371
wR_2 (alle Daten)	0.0841

Summenformel	$CrGe_9Si_{12}O_3N_4C_{42}LiH_{113}$ **58a***
T [K]	150
Molmasse	1807,77
Kristallfarbe	dunkelrot
Kristallsystem	Tetragonal
Raumgruppe	P-42(1)c
a [Å]	25,72
b [Å]	25,72
c [Å]	26,65
α [°]	90
β [°]	90
γ [°]	90
V [Å^3]	17641
Z	8
μ [mm^{-1}]	3.332
δ [gcm^{-3}]	1.361
Gemessene Reflexe	25868
Symmetrieunabhängige Reflexe (I > 2σI)	10149
R(int.)	0.1674
Goof	0.761
R$_1$ (I < 2σ)	0.0663
wR$_2$ (alle Daten)	0.1282

Summenformel	$MoGe_9Si_{12}O_3N_4C_{42}LiH_{113}$ **58b***
T [K]	150
Molmasse	1851,71
Kristallfarbe	dunkelrot
Kristallsystem	Tetragonal
Raumgruppe	P-42(1)c
a [Å]	25,69
b [Å]	25,69
c [Å]	26,81
α [°]	90
β [°]	90
γ [°]	90
V [Å^3]	17711
Z	8
μ [mm^{-1}]	3.339
δ [gcm^{-3}]	1.389
Gemessene Reflexe	33783
Symmetrieunabhängige Reflexe (I > 2σI)	11755
R(int.)	0.1641
Goof	0.802
R$_1$ (I < 2σ)	0.0677
wR$_2$ (alle Daten)	0.1311

Summenformel	$WGe_9Si_{12}O_3N_4C_{42}LiH_{113}$ **58c**
T [K]	150
Molmasse	1939,62
Kristallfarbe	dunkelrot
Kristallsystem	Tetragonal
Raumgruppe	P-42(1)c
a [Å]	25,73
b [Å]	25,73
c [Å]	26,75
α [°]	90
β [°]	90
γ [°]	90
V [Å^3]	17721
Z	8
μ [mm^{-1}]	4.492
δ [gcm^{-3}]	1.454
Gemessene Reflexe	106832
Symmetrieunabhängige Reflexe (I > 2σI)	14978
R(int.)	0.1474
Goof	0.906
R_1 (I < 2σ)	0.0491
wR$_2$ (alle Daten)	0.0776

Teil G: Literatur

[1] P. Braunstein, L. A. Oro, P. Raithby, *Metal Clusters in Chemestry*, Vol. I-III, *Wiley- VCH, Weinheim.*

[2] G. Schmid, L. F. Chi, *Adv. Mat.* **1998**, 10, 515.

[3] G. Schmid, *Dalton Trans.* **1998**, 1077.

[4] G. Schmid, *Inorg. Syn.* **1990**, 7, 214.

[5] N. T. Tran, M. Kawano, D. R. Powell, L. F. Dahl, *J. Am. Chem. Soc.* **1998**, 120, 10986.

[6] E. G. Mednikov, L. F. Dahl, *Small*, **2008**, 4 (5), 534.

[7] A. Schnepf. H. Schnöckel, *Angew. Chem. Int. Ed.*, **2001**, 40, 701.

[8] A. Ecker, E. Weckert, H. Schnöckel, *Nature* **1997**, 387, 379.

[9] H. Schnöckel *Chem. Rev.* **2010**, 110(7), 4125.

[10] A. Schnepf, *Angew. Chem. Int. Ed.* **2003**, 42, 2624.

[11] C. Schrenk, A. Schnepf, *Dalton Trans.* **2010**, 39, 1872.

[12] C. Schenk, F. Henke, G. Santigo, I. Krossing and A. Schnepf, *Dalton Trans.*, **2008**, 33, 4436.

[13] C. H. E. Belin, J. D. Corbett, A. Cisar *J. Am. Chem. Soc.*, **1977**, 99 (22), 7163.

[14] J. M. Goicoechea, S. C. Sevov, *Organometallics*, **2006**, 25, 4530;
B. Zhou, M. S. Denning, C. Jones, J.M. Goicoechea, *Dalton Trans.*, **2009**, 1571;
B. Zhou, M. S. Denning, T. A. D. Chapman, J. M. Goicoechea, *Inorg. Chem.*, **2009**, 48, 2899.

[15] A. Spiekermann, S. D. Hoffmann, F. Kraus, T. F. Fässler, *Angew. Chem. Int. Ed.* **2007**, 46, 1638.

[16] A. Spiekermann, S. D. Hoffmann, T. F. Fässler, I. Krossing, U. Preiss *Angew. Chem. Int. Ed.* **2007**, 46, 5310.

[17] B. Zhou, M. S. Denning, T. A. D. Chapman, J. M. Goicoechea, *Inorg. Chem.*, **2009**, 48 (7), 2899.

[18] A. Schnepf, C. Schenk, *Angew. Chem. Int. Ed.* **2006**, 124, 8776.

[19] F. A. Cotton, *Inorg. Chem.* **1964**, 1217.

[20] D.M.P. Mingos, D. J. Wales, *Introduction to Cluster Chemistry,* Prentice Hall, Englewood Cliffs, New York, **1990**.

[21] T. F. Fässler, R.Hoffmann, *Dalton Trans.*,**1999**, 3339.

[22] W. A. Daheer, W. D. Knight, M. Y. Chou, M. L. Cohen, *Solid State Physics - Advances in Research and Applications* **1987**, 40, 93.

[23] W. Klemm, E. Busmann, *Z. Anorg. Allg. Chem.* **1963**, 297.

[24] K. Wade, *Adv. Inorg. Radiochem.* **1976**, 1.

[25] A. Schnepf, H. Schnöckel, *Angew. Chem. Int. Ed.* **2002**, 41, 3533.

[26] A. Sekiguchi, Y. Ishida, Y. Kabe, M. Ichinohe, *J. Am. Chem. Soc.* **2002**, *124*, 8776.

[27] N. Wiberg, W. Hochmuth, H. Nöth, A. Appel, M. Schmidt-Arnelunxen, *Angew. Chem., Int. Ed.* **1996,** 35, 1333.

[28] A. Sekiguchi, C. Kabuto, H. Sakurai *Angew. Chem. Int. Ed.* **1989**, 28, 55.

[29] A. Sekiguchi, T. Yatabe, H. Karnatani, C. Kabuto, H. Sakurai *J. Am. Chem. Soc.* **1992**, 114, 6260.

[30] A. F. Richards, H. Hope, P. P. Power, *Angew. Chem. Int. Ed.* **2003**, 42, 4071.

[31] A. F. Richards, M. Brynda, M. M. Olmstead, P. P. Power *Organometallics*, **2004**, 23, 2841.

[32] L. Dennis, L. Hunter, *J. Am. Chem. Soc.* **1929**, 51, 1151.

[33] A. Schnepf, *Z. Anorg. Allg. Chem.* **2002**,*628*, 2914.

[34] A. Schnepf, R. Köppe, *Angew. Chem. Int. Ed.* **2003** *42*, 911.

[35] A. Schnepf, C. Drost, *Dalton Trans.*, **2005**, *20*, 3277.

[36] C. Schenk, A. Schnepf, *Angew. Chem. Int. Ed.,* **2006**, 45, 5373.

[37] M. B. Comisarow, A.G. Marshall, *Chem. Phys. Lett.* **1974**, 25, 282.

[38] J. D. Baldeschwieler, *Science* **1968**, 159, 263.

[39] R. McIver, Jr., *Review of Scientific Instruments* **1970**, 41, 555.

[40] K. Tanaka, H. Waki, Y. Ido, S. Akita, Y. Yoshida, T. Yohida, *Rapid Communications in Mass Spectrometry* **1988**, 2, 151.

[41] M. Karas, F. Hillenkamp, *Anal. Chem.* **1988**, 60, 2299.

[42] J. B. Fenn, M. Mann, C. K. Meng, S. F. Wong, C. M. Whitehouse, *Science,* **1989**, 246, 64.

[43] J. B. Fenn, *Angew. Chem. Int. Ed.* **2003**, 42, 3371.

[44] K. Weiss, H. Schnöckel, *Z. Anorg. Allg. Chem.* **2003**, 629, 1175.

[45] R. B. Cole, Editor, *Elektrospray Ionization Mass Spectrometrie: Fundamentals, Instrumentation, and Applications,* **1997.**

[46] G. Taylor, *Proceedings of the Royal Society of London Series a – Mathematical and Physical Sciences,* **1964**, 280, 383.

[47] J. W. Strutt, *The Theory of Sound, 2nd ed.,* (Lord Rayleigh), Dover, New York, **1945**.

[48] M. Dole, L. L. Mack, R. L. Hines, R. C. Mobley, L. D. Ferguson, M. B. Alice, *J. Chem. Phys.* **1964**, 49, 2240.

[49] J. V. Irbane, B. A. Thomson, *J. Chem. Phys.* **1976**, 64, 2287.

[50] A. G. Marshall, *Int. J. Mass Spectrom.* **2000**, 200, 331.

[51] R. T. McIver, Editor, *FourierTransform Mass Spectrometry, Principles and Applications,* **2006.**

[52] A. G. Marshall, C. L. Hendrickson, G. Jackson, *Mass Spectrom. Rev.* **1998**, 17, 1.

[53] A. G. Marshall, P. B. Grosshans, *Anal. Chem.* **1991**, 63, 215A.

[54] M. B. Comisarow, V. Grassi, G. Parisod, *Chem. Phys. Lett.* **1978**, 57, 413.

[55] A. G. Marshall, D. C. Roe, *J. Chem. Phys.* **1980**, 73, 1581.

[56] A. G. Marshall, T. C. L. Wang, T. L. Ricca, *J. Am. Chem. Soc.* **1985**, 107, 7893.

[57] S. Guan, A. G. Marshall, *Anal. Chem.* **1993**, 65, 1288.

[58] J. W. Gauthier, T. R. Trautman, D. B. Jacobson, *Analytica Chemica Acta* **1991**, 246, 211.

[59] M. W. Senko, J. P. Speir, F. W. McLaffety, *Anal. Chem.* **1994**, 66, 2801.

[60] P. B. Armentrout, D. A. Hales, L. Lian, *Advances in Metal and Semiconductor Clusters* **1994**, 2, 1.

[61] E. M. Harzluff, S. Campbell, M.T. Rodgers, J. L. Beauchamp, *J. Am. Chem. Soc* **1994**, 116 ,6947.

[62] P. D. Schnier, J. C. Jurchen, E. R. Williams, *J. Phys. Chem. B* **1999**, 103, 737.

[63] X. Guo, M. C. Duursma, A. Al-Khalili, R. M.A. Heeren, *Int. J. Mass Spectrom.* **2003**, 255, 71.

[64] P. Langevin, in *A fundamental formula of kinetic theory. Annales de Chemie et de Physique*, Vol. 5, **1905**, 245.

[65] T. Baer, W. L. Hase, *Unimolecular Reaction Dynamics: Theory and Experiments, Oxford University Press, New York*, **1996**.

[66] R. A. Marcus, *J. Chem. Phys.* **1952**, 20, 359.

[67] O. K. Rice, H. C. Ramsperger, *J. Am. Chem. Soc* **1927**, 49, 1617.

[68] L. S. Kassel, *J. Phys. Chem.* **1928**, 32, 225.

[69] M. Huber, A. Schnepf, C. E. Anson, H. Schnöckel, *Angew. Chem. Int. Ed.* **2008**, 43, 8201.

[70] M. Brynda, R. Herber, P. B. Hitchcock, M. F. Lappert, I. Nowik, P. P. Power, A. V. Protchenko, J. Steiner, *Angew. Chem. Int. Ed.* **2006**, 118, 4439.

[71] C. Schenk, A. Schnepf, *Dalton Trans.*, **2007**, 5400.

[72] L. Ross, M. Dräger, *J. Organomet. Chem.* **1980**, 199, 194.

[73] C. Schenk, *Dissertation,* Karlsruhe **2009** (Cuvillier Verlag Göttingen).

[74] M. Weidenbruch, F.-T. Grimm, M. Herrndorf, A. Schäfer, K. Peters, H. G. v. Schnering, *J. Organomet. Chem.* **1988**, 341, 335.

[75] P. Kircher, G. Huttner, K. Heinze, G. Renner, *Angew. Chem. Int. Ed.* **1998**, 37, 1664.

[76] C. Schrenk, *Persönliche Mitteilung.*

[77] K. Koch, A. Schnepf, H. Schnöckel, *Z. Anorg. Allg. Chem.* **2006**, *632*, 1710.

[78] C. Schenk, A. Schnepf, *Chem. Commun.* **2009**, *22*, 3208.

[79] H. Schnöckel, *Dalton Trans.* **2005**, *19*, 3131.

[80] A. Schnepf, *Chem. Soc. Rev.* **2007**, *36*, 745.

[81] C. Schenk, A. Schnepf, *Chem. Commun.* **2009**, *22*, 3208.

[82] J. B. Fenn, *Angew. Chem. Int. Ed.* **2003**, *42*, 3871.

[83] H. L. Sievers, H.-Fr. Grützmacher, P. Caravatti, *Int. J. Mass Spectrom. Ion Processes* **1996**, *157, 158*, 233.

[84] J. Laskin, M. Byrd, J. Futrell, *Int. J. Mass Spectrom.* **2000**, *195, 196*, 285.

[85] T. C. L. Wang, T. L. Ricca, A. G. Marshall, *Anal. Chem.* **1986**, *58*, 2935.

[86] C. Lifshitz, *Eur. J. Mass Spectrom.* **2002**, *8*, 85.

[87] T. Baer, W. L. Hase, *Unimolecular Reaction Dynamics, Theory and Experiment*, Oxford University Press, New York **1996**.

[88] M. Olzmann, R. Burgert, H. Schnöckel, *J. Chem. Phys.* **2009**, *131*, 174304.

[89] R. Burgert, H. Schnöckel, A. Grubisic, X. Li, S. T. Stokes, G. F. Ganteför, B. Kiran, P. Jena, K. H. Bowen, *Science* **2008**, *319*, 438.

[90] R. Burgert, H. Schnöckel, M. Olzmann, K. H. Bowen, *Angew. Chem. Int. Ed.* **2006**, *45*, 1476.

[91] H. Gilman, R. L. Harrell, *J. Organomet. Chem.* **1966**, *5*, 199.

[92] P. W. Loscutoff, S. F. Bent, *Annu. Rev. Phys. Chem.* **2006**, *57*, 467.

[93] M. Weidenbruch, F.-T. Grimm, S. Pohl, W. Saak, *Angew. Chem. Int. Ed.* **1989**, *28*, 198.

[94] A. Sekuguchi, H. Naito, H. Nameki, K. Ebata, C. Kabuto, H. Sakurai, *J. Organomet. Chem.* **1989**, *368*, C1 – C4.

[95] A. Sekiguchi, T. Yatabe, H. Kamatani, C. Kabuto, H. Sakurai, *J. Am. Chem. Soc.* **1992**, *114*, 6260.

[96] M. Unno, K. Higuchi, K. Furuya, H. Shioyama, S. Kyushin, M. Goto, H. Matsumoto, *Bull. Chem. Soc. Jpn.* **2000**, *73*, 2093.

[97] A. Sekiguchi, H. Sakurai, *Adv. Organomet. Chem.* **1995**, *37*, 1.

[98] M. K. Denk, M. Kahn, A. L. Lough, K. Shuchi, *Acta Crystallogr., Sect. C* **1998**, *54*, 1830.

[99] A. Ugrinov, S. Sevov, *J. Am. Chem. Soc.* **2002**, *124*, 10990; A. Ugrinov, S. Sevov, *Inorg. Chem.* **2003**, *42*, 5789; L. Yong, D. Hoffmann, T. F. Fässler, *Z. Anorg. Allg. Chem.* **2005**, *631*, 1149.

[100] G. S. Armatas, M. G. Kanatzidis, *Science* **2006**, *313*, 817; G. S. Armatas, M. G. Kanatzidis, *Nature* **2006**, *441*, 1122; D. Sun, A. E. Riley, A. J. Cadby, E. K. Richman, S. D. Korlann, S. H. Tolbert, *Nature* **2006**, *441*, 1126.

[101] Holleman-Wiberg, *Lehrbuch der Anorganischen Chemie,* 102. Auflage, Walter de Gruyter, Berlin, **2007**, 1004.

[102] J. E. Kingcade, H. M. Nagarathna-Naik, I. Shim, K. A. Gingerich, *J. Phys. Chem.* **1986**, 90, 2830.

[103] H. Schäfer, K. H. Janzon, A. Weiß, *Angew. Chem. Int. Ed.* **1963**, *2*, 393.

[104] L. R. Sita, I. Kinoshita *J. Am. Chem. Soc.* **1991**,113, 1856.

[105] J.-Q. Wang, S. Stegmaier, T. F. Fässler, *Angew. Chem. Int. Ed.* **2009**, 48, 1998.

[106] B. Zhou, M. S. Denning, D. L. Kays, J. M. Goicoechea *J. Am. Chem. Soc.*, **2009**, 131, 2802.

[107] M. J. Frampton, H. L. Anderson, *Angew. Chem., Int. Ed.*, **2007,** 46, 1028.

[108] K. Krogmann, H. D. Hausen, *Z. Anorg. Allg. Chem.*, **1968**, 358, 67;
K. Krogmann, *Angew. Chem., Int. Ed.*, **1969**, 8, 35.

[109] M. Paladugu, J. Zou, Y.-N. Guo, X. Zhang, H. J. Joyce, Q. Gao,
H. T. Tan, C. Jagadish, Y. Kim, *Angew. Chem., Int. Ed.*, **2009**, 48, 780.

[110] A. Schnepf, *Eur. J. Inorg. Chem.*, **2008**, 1007.

[111] A. Nienhaus,R. Hauptmann and T. F. Fässler, *Angew. Chem. Int. Ed.*,
2002, 41, 3213;
M. B. Boeddinghaus, S. D. Hoffmann, T. F. Fässler, *Z. Anorg. Allg. Chem.*,
2007, 633, 2338.

[112] M. S. Denning, J.M. Goicoechea, *Dalton Trans.*, **2008**, 5882.

[113] S. N. Titova, V.T. Bychkov, G. A. Domrachev, G. A. Razuvaev,
L. N. Zakharov, G. G. Alexandrov, Y. T. Struchkov, *Inorg. Chim. Acta*,
1981, 50, 71.

[114] Holleman-Wiberg, *Lehrbuch der Anorganischen Chemie*, 102. Auflage,
Walter de Gruyter, Berlin, **2007**, 2002–2005.

[115] B. Kesanli, J. Fettinger, B. Eichhorn, *Chem. Eur. J.* **2001**, 7, 5277.

[116] L. Yong, S. D. Hoffmann, T. F. Fässler, *Eur. J. Inorg. Chem.* **2005**, 3663.

[117] F. Liebau, *Structural chemistry of silicates* (Springer, **1985**).

[118] H. Füchtbauer (ed.), *Sedimente und Sedimentgesteine* (Schweizerbarth,
1988).

[119] V. S. S. Saxena, B. Sundman, J. J. Zhang, *Geophys. Res.*, **1994**, 99,11787.

[120] K. S. W. Sing, *Pure Appl. Chem.*, **1985**, 57, 603.

[121] V. Chiola,J. E. Ritsko, C. D. Vanderpool, *US Patent 3556725* **1971**.

[122] F. di Renzo, H. Cambon, R. Dutartre, *Microporous Mesoporous Mater.* **1997**,10, 283.

[123] D. Zhao, Q. Huo, J. Feng, B. Chmelka, G. Stucky, *J. Am. Chem. Soc.* **1998**, 120, 6024.

[124] D. Zhao, *Science,* **1998**, 279, 548.

[125] P. Yang, D. Zhao, D. I. Margolese, B. F. Chmelka, G. D. Stucky, *Nature,* **1998**, 396, 152.

[126] P. Yang, D. Zhao, D. I. Margolese, B. F. Chmelka, G. D. Stucky, *Chem. Mater.,***1999**. 11, 2813.

[127] A. Galarneau, D. Desplantier-Giscard, F. di Renzo, F. Fajula, *Catal. Today*, **2001**, 68, 191.

[128]M. Impéror-Clerc, P. Davidson, A. Davidson, *J. Am. Chem. Soc.* **2000**, 122, 11925.

[129]A. Galarneau, *New J. Chem.* **2003**, 27, 73.

[130]A. Wingen, F. Kleitz, F. Schüth, *Basic Principles in Applied Catalysis,* 283–319 (Springer, **2004**).

[131] Y. F. Mei, Z. M. Li, R. M. Chu, Z. K. Tang, G. G. Siu, R. K. Y: Fu, P. K. Chu, W. W. Wu, K. W. Cheah. *Appl. Phys. Lett.* **2005**, 86, 021111.

[132] H. Mauda, K. Fukuda, *Science* **1995**, 268, 1466.

[133] Y. F. Mei, G. G. Siu, Z. M. Li, R. K. Y. Fu, Z. K. Tang, P. K. Chu, *J. Cryst. Growth* **2005**, 285, 59.

[134] B. Luo, V. G. Young, W. L. Glatfelter, *J. Org. Chem.* **2002**, 649, 269.

[135] R. Burgert, *Dissertation,* Karlsruhe **2007** (Universitätsverlag Karlsruhe).

[136] M. Born, J. R. Oppenheimer, *Ann. Phys.* **1927**, 84, 457.

[137] Condon, Odabasi, *Atomic Structur, Cambridge Univerisity Press,* **1980.**

[138] W. Kohn, L. J. Sham, *Phys. Rev. A* **1965**, 140, 1133.

[139] P. Hohenberg, W. Kohn, *Phys. Rev. B* **1964**, 136, 864.

[140] a) O. Treutler, R. Ahlrichs, *J. Chem. Phys.,* **1995**, 102, 346;

b) J. P. Perdew, *Phys. Rev. B*, **1986,** 33, 8822;

c) A. D. Becke, *Phys. Rev. A*, **1988,** 38, 3098–3100;

d) K. Eichkorn, O. Treutler, H. Öhm, M. Häser, R. Ahlrichs, *Chem. Phys. Lett.*, **1995,** 240, 283.

e) A. Schäfer, H. Horn, R. Ahlrichs, *J. Chem. Phys.*, **1992,** 97, 2571.

f) E. R. Davidson, *J. Chem. Phys.*, **1967,** 46, 3320.

g) K. R. Roby, *Mol. Phys.*, **1974,** 27, 81.

h) R. Heinzmann and R. Ahlrichs, *Theor. Chim. Acta*, **1976,** 42, 33.

i) C. Erhardt, R. Ahlrichs, *Theor. Chim. Acta*, **1985,** 68, 231.

j) R. Ahlrichs, M. Bär, M. Häser, H. Horn, C. Kölmel, *Chem. Phys. Lett.* **1989,** 162, 165.

k) A. D. Becke, *J. Chem. Phys.* **1993,** 98, 5648.

l) C. Lee, W. Yang, R. G. Parr, *Phys. Rev. B* **1988,** 37, 785.

[141] L. Ramaley. *IsoPatrn,* Version 1.11, **2006-2008**

Publikationsliste

C. Schenk, F. Henke, G. Santigo, I. Krossing, A. Schnepf, Dalton Discussions 11: The Renaissance of main group chemistry, *Dalton Transactions* **2008**, *33*, 4436 – 4441. „[Si(SiMe$_3$)$_3$]$_6$Ge$_{18}$M (M = Cu, Ag, Au): Metalloid cluster compounds as unusual building blocks for a supramolecular chemistry."

F. Henke, C. Schenk, A. Schnepf, *Dalton Transactions* **2009**, 42, 9141-9145. „[Si(SiMe$_3$)$_3$]$_6$Ge$_{18}$M (M = Zn, Cd, Hg): Neutral metalloid cluster compounds of germanium as highly soluble building blocks for supramolecular chemistry."

C. Schenk, F. Henke, M. Neumaier, M. Olzmann, H. Schnöckel, A. Schnepf, *Zeitschrift für anorganische und allgemeine Chemie* **2010**, 636, 7, 1173–1182. „Reaktionen des metalloiden Clusteranions {Ge$_9$[Si(SiMe$_3$)$_3$]$_3$}$^-$ in Gasphase. Oxidations- und Reduktionsschritte geben Einblicke in Bereich zwischen metalloiden Clustern und Zintl-Ionen."

C. Schenk F. Henke, A. Schepf, *Phosphorus, Sulfur, and Silicon* **2011**, 186:1–5. „Metalloid cluster compounds of group 14: Bonding properties and subsequent reactions."

F. Henke, C. Schenk, A. Schnepf, *Dalton Transactions* **2011**, 40, 1–7. „[Si(SiMe$_3$)$_3$]$_3$Ge$_9$M(CO)$_3^-$ (M = Cr, Mo, W): Coordination Chemistry with metalloid Clusters."